技工院校一体化课程教学改革电梯工程技术专业教材

电梯机械设备大修

人力资源社会保障部教材办公室组织编写

中国劳动社会保障出版社

内容简介

本书主要内容包括电梯制停距离过长故障排除、电梯曳引机漏油故障排除、电梯轿厢上下跳动故障排除、电梯曳引机异响故障排除等。

图书在版编目(CIP)数据

电梯机械设备大修 / 人力资源社会保障部教材办公室组织编写 . -- 北京：中国劳动社会保障出版社，2020

技工院校一体化课程教学改革电梯工程技术专业教材

ISBN 978-7-5167-4449-9

Ⅰ.①电… Ⅱ.①人… Ⅲ.①电梯－机械设备－维修－技工学校－教材 Ⅳ.①TU857

中国版本图书馆 CIP 数据核字（2020）第 064284 号

中国劳动社会保障出版社出版发行

（北京市惠新东街 1 号　邮政编码：100029）

*

三河市潮河印业有限公司印刷装订　　新华书店经销

787 毫米 ×1092 毫米　16 开本　11.25 印张　198 千字

2020 年 5 月第 1 版　　2024 年 5 月第 2 次印刷

定价：23.00 元

营销中心电话：400-606-6496

出版社网址：http：//www.class.com.cn

http：//jg.class.com.cn

技工院校一体化课程教学改革教材编委会名单

编审人员

主　编：孙文涛

副主编：陈恒亮　闫莉丽

参　编：彭旭昀　宫义才　潘典旺　何志明　袁　军

主　审：籍东晓

序

习近平总书记指示："职业教育是国民教育体系和人力资源开发的重要组成部分，是广大青年打开通往成功成才大门的重要途径，肩负着培养多样化人才、传承技术技能、促进就业创业的重要职责，必须高度重视、加快发展。"技工教育是职业教育的重要组成部分，是系统培养技能人才的重要途径。多年来，技工院校始终紧紧围绕国家经济发展和劳动者就业，以满足经济发展和企业对技术工人的需求为办学宗旨，既注重包括专业技能在内的综合职业能力的培养，也强调精益求精的工匠精神的培育，为国家培养了大批生产一线技能劳动者和后备高技能人才。

随着加快转变经济发展方式、推进经济结构调整以及大力发展高端制造业等新兴战略性产业，迫切需要加快培养一批具有高超技艺的技能人才。为了进一步发挥技工院校在技能人才培养中的基础作用，切实提高培养质量，从 2009 年开始，我部借鉴国内外职业教育先进经验，在全国 200 余所技工院校先后启动了三批共计 32 个专业（课程）的一体化课程教学改革试点工作，推进以职业活动为导向，以校企合作为基础，以综合职业能力培养为核心，理论教学与技能操作融合贯通的一体化课程教学改革。这项改革试点将传统的以学历为基础的职业教育转变为以职业技能为基础的职业能力教育，促进了职业教育从知识教育向能力培养转变，努力实现"教、学、做"融为一体，收到了积极成效。改革试点得到了学校师生的充分认可，普遍反映一体化课程教学改革是技工院校一次"教学革命"，学生的学习热情、综合素质和教学组织形式、教学手段都发生了根本性变化。试点的成果表明，一体化课程教学改革是转变技能人才培养模式的重要抓手，是推动技工院校改革发展的重要举措，也是人力资源社会保障部门加强技工教育和职业培训工作的一个重点项目。

教学改革的成果最终要以教材为载体进行体现和传播。根据我部推进一体化课程教学改革的要求，一体化课程教学改革专家、几百位试点院校的骨干教师以及中国人力资源和社会保障出版集团的编辑团队，组织实施了一体化课程教学改革试点，并将试点中形成的课程成果进行了整理、提炼，汇编成教材。第一批试点专业教材2012年正式出版后，得到了院校的认可，我们于2019年启动了第一批试点专业教材的修订工作，将于2020年出版。同时，第二批、第三批试点专业教材经过试用、修改完善，也将陆续正式出版。希望全国技工院校将一体化课程教学改革作为创新人才培养模式、提高人才培养质量的重要抓手，进一步推动教学改革，促进内涵发展，提升办学质量，为加快培养合格的技能人才做出新的更大贡献！

技工院校一体化课程教学改革
教材编委会
2020年5月

目　录

学习任务一　电梯制停距离过长故障排除

学习目标

1. 能搜集电梯维修的相关资料。
2. 熟悉电梯制动器的基本结构和工作原理。
3. 能阅读电梯大修任务书。
4. 能合理制订维修计划和方案。
5. 能正确检查、使用大修工具和仪器。
6. 能进行电梯制动器的拆卸、检查、清洁、润滑、更换与调整。
7. 能完成电梯制动器的检验。
8. 能完成电梯制停距离过长故障排除的工作总结与评价。

建议学时

18 学时

工作情境描述

现有日立 YPVF 型电梯，30 层 /30 站，额定速度为 1.75 m/s，载重量为 750 kg。在进行年度检验时，电梯制停距离超过规定值（1 ~ 2 m），需进行大修。电梯安装维修工从项目主管处领取电梯制停距离过长大修任务书，要求在 2 个工作日内完成电梯制动器的大修，使电梯恢复正常使用性能，并交付验收。

工作流程与活动

学习活动 1　明确工作任务（2 学时）

学习活动 2　制订工作计划（2 学时）

学习活动 3　实施检修（10 学时）

学习活动 4　检验与验收（2 学时）

学习活动 5　工作总结与评价（2 学时）

学习活动 1　明确工作任务

学习目标

1. 掌握接受修理委托和接受客户委托的方法。
2. 掌握信息收集与分析的方法。
3. 能进行电梯制停距离过长故障分析。
4. 能阅读电梯大修任务书。
5. 能填写电梯大修信息联系表。

建议学时：2 学时

学习过程

一、接受修理任务或接受客户委托

客户可分为内部客户和外部客户。内部客户是指给电梯安装维修工分派工作的维修站主管，以及在职业院校中向团队提出维护保养委托的教师；外部客户是指签订维修保养合同，通过维修站进行维护保养的客户。接受电梯维护保养委托之前，需要向客户了解电梯的详细信息，从而制订维护保养的工作流程和内容，见表 1–1–1。

表 1–1–1　　接受电梯维护保养委托信息表

工作流程	任务内容
接受电梯维护保养委托前与客户的沟通	客户将电梯交给维修站进行维护保养时，在交接过程中，应让客户知晓相关维修内容，并且在接受任务时向其提出有益的建议 客户需了解以下内容： 1. 电梯目前的运行状况 2. 电梯检测结果 3. 必要的维护工作

续表

工作流程	任务内容
接受电梯维护保养委托前与客户的沟通	委托包括以下内容： 1．常规委托数据 （1）委托识别（日期、合同号、委托类型） （2）电梯识别（生产厂家、型号、控制方式、载重量、额定速度、层站） 2．工作说明、工作项目和所用时间
接受维护保养委托	1．与客户进行交流 可按照以下方式与“客户”交流：向客户致以友好的问候并进行自我介绍；认真、积极、耐心地倾听客户的意见；询问客户有哪些问题和要求 2．接受电梯维护任务过程中的现场检查 （1）检查电梯的清洁与使用状况 （2）检查电梯的运行与维护情况 3．接受维护保养委托 （1）询问客户的单位和地址 （2）与客户确认维护保养内容并签订维护保养合同 （3）确定电梯交接日期
明确任务目标	完成电梯的维护和保养工作
明确任务要求	完成曳引机电磁制动器的分解、装配及调整
对完工电梯进行检验	符合《电梯制造与安装安全规范》[GB 7588—2003（2015）]及《电梯技术条件》（GB/T 10058—2009）规定的要求
对工作进行评估	以小组为单位，共同分析、讨论电梯维护保养工艺并完成维护任务；小组成员能独立完成电梯的维护保养操作，各小组上交一份所有小组成员都签名的实习报告

二、明确大修任务

1．电梯制停距离过长故障分析

电梯制停距离过长故障一般是电磁制动器故障引起的。制动器故障主要集中在机械磨损和维护保养两个方面，主要表现为机械卡阻、零部件的损坏、维护保养不当等。

● 机械卡阻：若机械部件没有定期进行清洁、润滑和调整，极易导致机械卡阻，如制动器停止通电后无法合闸，或合闸不及时，或制动器打开受阻。

● 制动器零部件的磨损或腐蚀：制动闸瓦间隙变大，制动轮磨损情况严重，闸瓦的磨损程度严重，从而导致制动器制动效果下降。

● 制动弹簧压力调整过大或过小：制动闸瓦的受力不均匀，导致制动力过大或过小，从而导致制动剧烈或失效。

● 润滑不当：当机械部件上抹有过多的润滑剂或存留污垢时，将会降低制动闸瓦和制动轮的摩擦效果，导致电梯制动失灵。

● 调整不当：制动器松闸时，两侧的闸瓦无法做到同时离开，闸瓦与制动轮间隙不符合标准，达不到制动效果。

（1）填写故障树

故障树是一种特殊的树状逻辑因果关系图，它用事件符号、逻辑门符号和转移符号描述系统中各种事件之间的因果关系。逻辑门的输入事件是输出事件的“因”，逻辑门的输出事件是输入事件的“果”。它采用逻辑的方法，形象地进行危险分析工作，特点是直观、明了、思路清晰、逻辑性强，可以做定性分析，也可以做定量分析。它体现了以系统工程方法研究安全问题的系统性、准确性和预测性，是安全系统工程的主要分析方法之一。分析电梯制停距离过长故障原因，并填写故障树（见图 1–1–1）。

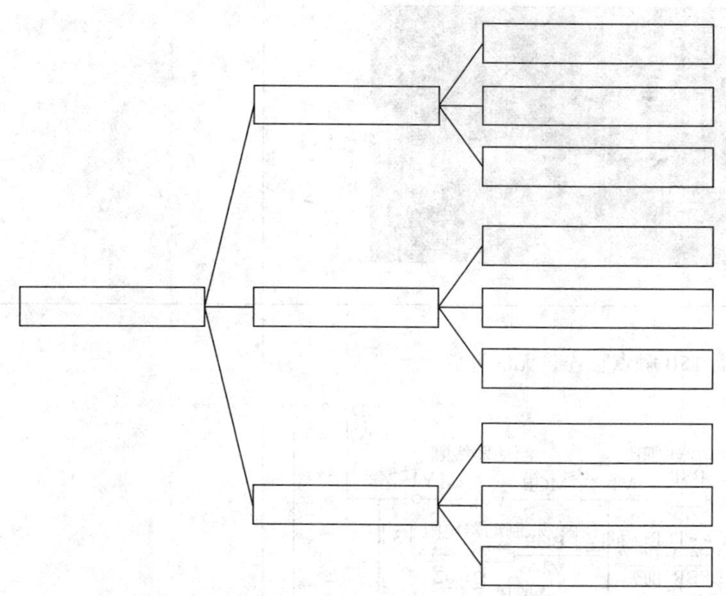

图 1–1–1　电梯制停距离过长故障树

提示：故障描述关键词包括“曳引纶故障、制动器故障、钢丝绳故障、曳引轮磨损、曳引轮油泥过多、钢丝绳磨损、制动弹簧松弛、制动铁芯误动作、制动闸瓦磨损、转动部件失效”等，可选择适当的词语填写到故障树中。

（2）填写制动器故障分析表

根据制动器故障现象填写制动器故障分析表（见表 1–1–2）。

表 1–1–2　　　　制动器故障分析表

<table>
<tr><th>制动器故障现象</th><th>制动器故障分析</th></tr>
<tr><td>1．检查时发现电梯制动器的一个销轴松脱，制动失灵，电梯溜车、冲顶
</td><td></td></tr>
<tr><td>2．检查时发现电梯制动器制动力矩不足，在进行载荷试验时，电梯发生溜车现象
</td><td></td></tr>
<tr><td>3．制动接触器 15B 触点粘连，无法释放
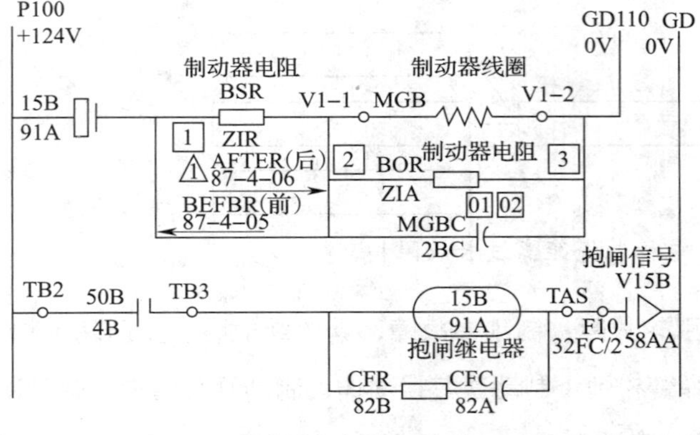

电梯制动器线路图
15B—制动接触器　50B—安全继电器　F10—电子板</td><td></td></tr>
</table>

2．阅读电梯大修任务书

电梯维修人员从维修站领取电梯大修任务书，见表 1–1–3，阅读大修项目名称、日期、地点等相关信息。

表 1–1–3　　电梯大修任务书

1．电梯的基本情况

类别：曳引系统□　导向系统□　门系统□　控制系统□　　日期：　年　月　日

用户名称			
用户地址			
故障现象	电梯在进行年度检验时，制停距离过长（超标）		
申报时间		完工时间	
申报单位		报修人电话	
电梯型号		生产厂家	
控制方式		载重量	
额定速度		层站	

2．大修作业人员

大修人员姓名		证号		有效期	
大修人员姓名		证号		有效期	

3．工作内容

序号	大修项目	大修要求	序号	大修项目	大修要求
1			3		
2			4		

4．验收和移交

验收意见：

验收人		大修负责人		物业负责人	

3．获取相关资料

获取电梯制动器大修资料，见表 1–1–4。

表 1–1–4 电梯制动器大修资料

序号	名　称	如已收集请打√
1	曳引机的结构和类型	
2	制动器的结构和类型	
3	安装维修手册	
4	《电梯制造与安装安全规范》[GB 7588—2003（2015）]	
5	《电梯安装验收规范》(GB/T 10060—2011)	

学习活动 2　制订工作计划

学习目标

1. 熟悉曳引机的安装位置。
2. 熟悉电磁制动器的结构和工作原理。
3. 能准备大修物料和工具。
4. 能制订工作计划或方案。

建议学时：2 学时

学习过程

一、了解曳引机的安装位置

曳引机是电梯的动力设备，又称电梯主机。其功能是输送与传递动力使电梯运行。它由电动机、制动器、联轴器、减速箱、曳引轮、机架和导向轮及附属盘车手轮等组成。

曳引机的安装方式分为上置式和下置式两种。上置式即曳引机安装在井道顶部的机房中，这种安装方式最为常见。下置式即曳引机安装在井道底部，这种方式不需要在楼顶加建机房，可以降低建筑物的高度，但其曳引方式比较复杂，安装困难，且建筑物负重大，因此很少采用。对于无机房电梯，其曳引机安装在井道顶部，不需要在楼顶加建机房，建筑物的负重与曳引上置式电梯一样，但是其曳引方式比较复杂，目前在商场、酒店等场所大量使用。曳引机的安装位置见表 1–2–1，根据图片，填写曳引机零部件对应的位置序号。

表 1-2-1 曳引机的安装位置

<table>
<tr><th>图　　片</th><th colspan="2">项目参数</th></tr>
<tr><td rowspan="12"> 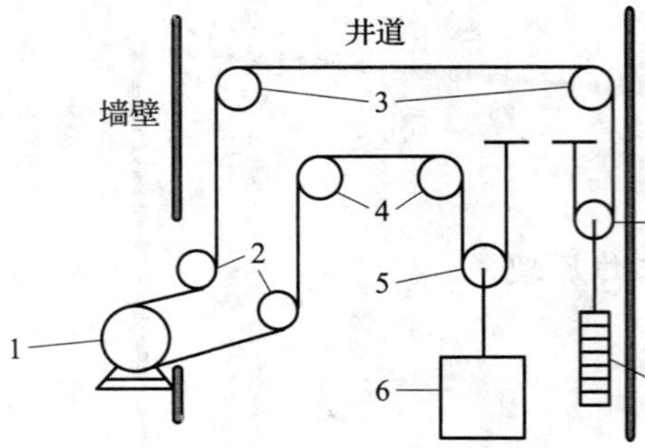下置式电梯</td><td colspan="2">上置式□　下置式□</td></tr>
<tr><td colspan="2">有机房□　无机房□</td></tr>
<tr><td colspan="2">曳引比：1：1□　2：1□　3：1□</td></tr>
<tr><td>名称</td><td>序号</td></tr>
<tr><td>曳引机</td><td></td></tr>
<tr><td>导向轮</td><td></td></tr>
<tr><td>轿厢</td><td></td></tr>
<tr><td>对重</td><td></td></tr>
<tr><td>轿厢侧反绳轮</td><td></td></tr>
<tr><td>对重侧反绳轮</td><td></td></tr>
<tr><td>轿厢顶反绳轮</td><td></td></tr>
<tr><td>对重顶反绳轮</td><td></td></tr>
<tr><td rowspan="13"> 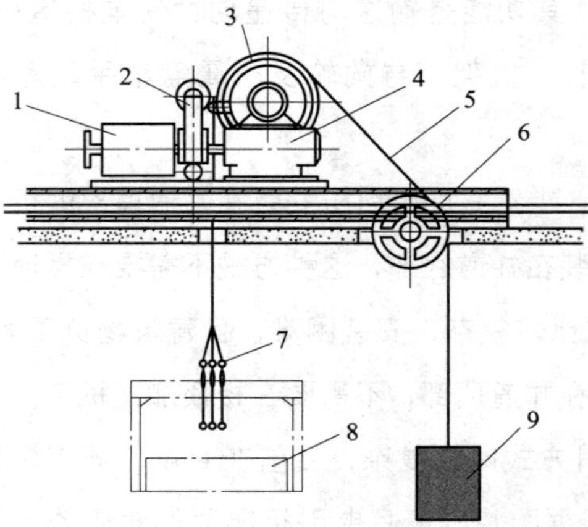上置式电梯</td><td colspan="2">上置式□　下置式□</td></tr>
<tr><td colspan="2">有机房□　无机房□</td></tr>
<tr><td colspan="2">曳引比：1：1□　2：1□　3：1□</td></tr>
<tr><td>名称</td><td>序号</td></tr>
<tr><td>曳引机</td><td></td></tr>
<tr><td>曳引轮</td><td></td></tr>
<tr><td>制动器</td><td></td></tr>
<tr><td>曳引绳</td><td></td></tr>
<tr><td>导向轮</td><td></td></tr>
<tr><td>绳头组合</td><td></td></tr>
<tr><td>轿厢</td><td></td></tr>
<tr><td>对重</td><td></td></tr>
<tr><td>减速箱</td><td></td></tr>
</table>

二、认识电磁制动器

电磁制动器是一种应用弹簧压力产生阻力，并依靠电力释放的制动装置，它是电梯的重要安全装置之一。它安装在曳引机的高速轴（电动机轴与蜗杆轴）上，作用是使轿厢停靠准确。电梯在停止时，不会因轿厢与对重的重量差而产生滑移。乘客的安全和电梯准确、舒适的停靠很大程度上依赖于制动器的效率，所以维修保养时要格外注意。除安全钳以外，只有它才能使工作中的电梯停止。电梯上使用的电磁制动器大多是直流块式电磁制动器。

1．引导问题

（1）电磁制动器主要由哪些部分组成?

（2）电梯启动时，电磁制动器是如何运行的?

（3）电梯停止时，电磁制动器是如何运行的?

2．电磁制动器的结构与工作原理

（1）电磁制动器的结构

根据电磁制动器的结构图，认识电磁制动器各部件的装配位置，见表 1–2–2。

表 1-2-2 电磁制动器的结构

图片	部件名称及位置	
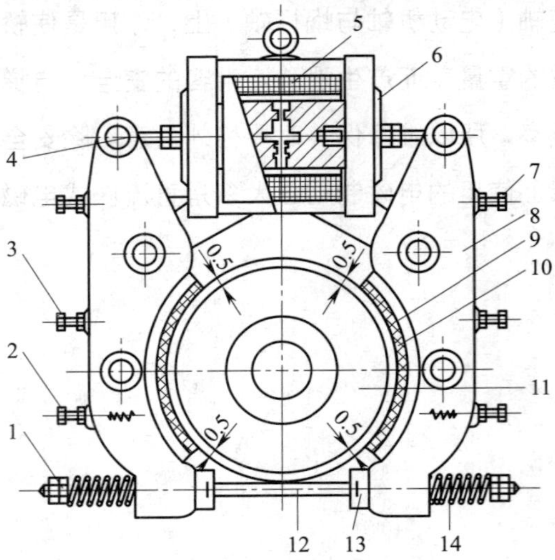 制动器的结构  电磁制动器实物图 A—电磁铁 B—制动臂 C—限位螺钉 D—制动弹簧 E—制动片 F—制动闸瓦	名称	序号
	制动弹簧调节螺母	
	调节螺钉	2、3、7
	销轴	
	线圈	
	铁芯	
	制动臂	
	制动闸瓦、制动片	9、10
	制动轮	
	制动弹簧	
	制动弹簧连杆	
	制动弹簧定位块	13

（2）电磁制动器的工作原理

当电动机停止时，电磁铁芯线圈不通电，两块铁芯之间无吸引力，制动闸瓦在制动弹簧的压力下抱紧制动轮，使电梯静止。当电梯启动时，电动机通电，电磁铁芯线圈同时通上电流，使铁芯迅速磁化吸合，带动制动臂克服弹簧力使闸瓦张开，制动力消失，电梯得以运行。当电梯停车时，曳引电动机断电，电磁铁芯线圈同时失电，电磁力迅速消失，铁芯在制动弹簧作用下复位，闸瓦将制动轮抱紧，使电梯停止运行。

电梯正常运行时，电磁制动器应在持续通电情况下保持松开状态；断开电磁制动器的电流后，电梯应无附加延迟地被有效制动。

1）简述电磁铁的结构和维护方法。

2）简述制动臂的结构和维护方法。

3）简述制动弹簧的结构和调节方法。

小提示

切断制动器的电流，至少应用两个独立的电气装置来实现。电梯停止时，如果其中一个接触器的主触点未打开，到下一次运行方向改变时，应防止电梯再运行。

当电梯动力电源失电或控制电路电源失电时，制动器能立即进行制动；当轿厢载有125%额定载荷并以额定速度运行时，制动器应能使曳引机停止运转。

装有手动盘车手轮的电梯曳引机，应能用手松开制动器并需要一个持续力来保持其松开状态。

3．电磁制动器大修工艺

（1）材料要求

1）润滑油：连接件润滑油的型号应符合设计要求。

2）制动带：制动带的规格应符合使用要求。

（2）大修工艺

将电梯停在高层，确保轿厢内无人，关闭层门、轿门。一人在轿顶、一人在底坑。将一条 2 ～ 3 m 的铁水管（直径为 60 ～ 80 mm，足够厚度）垂直放置在缓冲器旁正下方且要求底面紧固，底坑人员蹲下扶稳。轿顶人员通过对讲机联络底坑人员，确保安全时，向上慢车运行至顶层。机房人员切断主电源，松开抱闸使轿厢向上，对重向下至对重被铁水管顶起。底坑人员出底坑。

1）用工具拆下制动弹簧，然后放下摆杆。必要时，拆检整个制动器。

2）检查制动带的安装是否牢固，制动轮、制动带是否有脏污，若有则重新安装牢固，清理干净。

3）检查铁芯和推杆是否灵活、无积聚物，并检查其他零部件，发现问题需修复。

4）制动器的调整必须按照该电梯的使用说明书或有关资料进行。

5）在轿顶向下慢车运行，检查制动器的制动情况是否正常，并及时调整。

6）确保制动器动作可靠后，一人到底坑取出铁水管并离开井道后，恢复电梯正常运行，检查电梯平层是否正常。

三、准备电磁制动器大修物料、工具

1．引导问题

（1）制动带主要由什么材料制成？制动带的通用规格有哪些？

（2）制动器销轴有什么作用？销轴卡簧缺失会造成什么后果？

（3）制动铁芯是否可以使用二硫化钼或黄油进行润滑？

（4）电磁制动器大修安全检查的重点包含哪几个方面？

2．物料的准备

在电梯电磁制动器大修时可能用到物料有：制动弹簧、制动带、销轴、棉纱、砂纸、润滑剂等。

（1）制动带

电梯制动器制动带主要有石棉制动带、无石棉制动带等。传统的石棉制动材料对人体有严重危害，属于逐渐淘汰产品。新型无石棉材料不但对人体无任何危害，而且各项性能指标均优越于石棉制动材料。制动带分为两种：一种是制动带材料为石棉橡胶钢丝编网型，一种是制动带材料为石棉树脂片。其特点是：

1）摩擦系数高，力学性能好，热衰退小。

2）不含钢丝棉及高硬度摩擦剂，硬度低，不易损伤闸盘。

3）磨耗低，使用周期长。

4）不危害人体健康。

5）制动性能安全可靠，不损伤对磨件。

6）抗衰老、不龟裂、磨削不导电，制动噪声小。

电梯用制动带的规格见表 1–2–3。

表 1–2–3　电梯用制动带的规格

序号	长度 /m	宽度 /mm	厚度 /mm
1	80	140	10
2	70	120	10
3	60	100	8
4	60	100	6

（2）销轴

销轴是标准化紧固件，既可静态固定连接，也可与被连接件做相对运动，主要用于两零件的铰接处，构成铰链连接。销轴通常用开口销锁定，工作可靠，拆卸方便。

销轴的作用如下：

1）固定零件间的相对位置。

2）用于轴毂件或其他零件间的连接。

3）充当过载剪断元件。

（3）电磁制动器维修材料表

根据电梯电磁制动器的维修要求，完成表 1–2–4 的填写。

表 1–2–4　电梯电磁制动器维修材料表

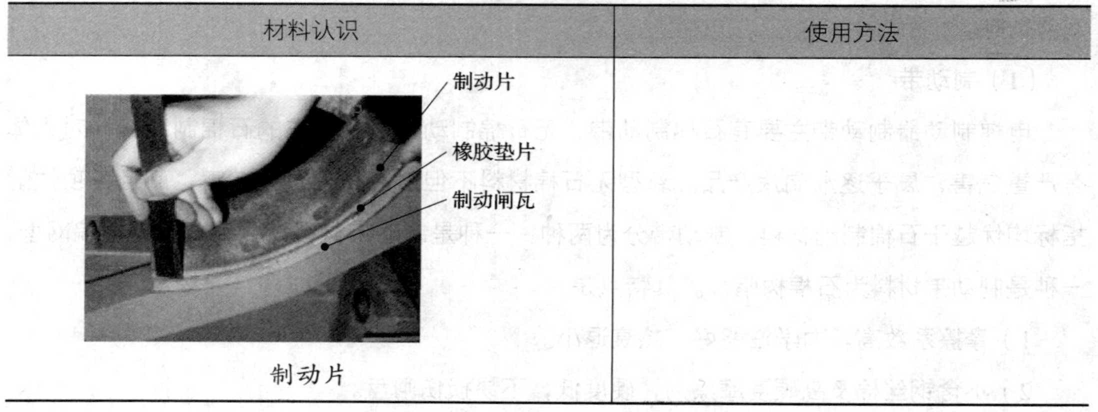

材料认识	使用方法
制动片	

续表

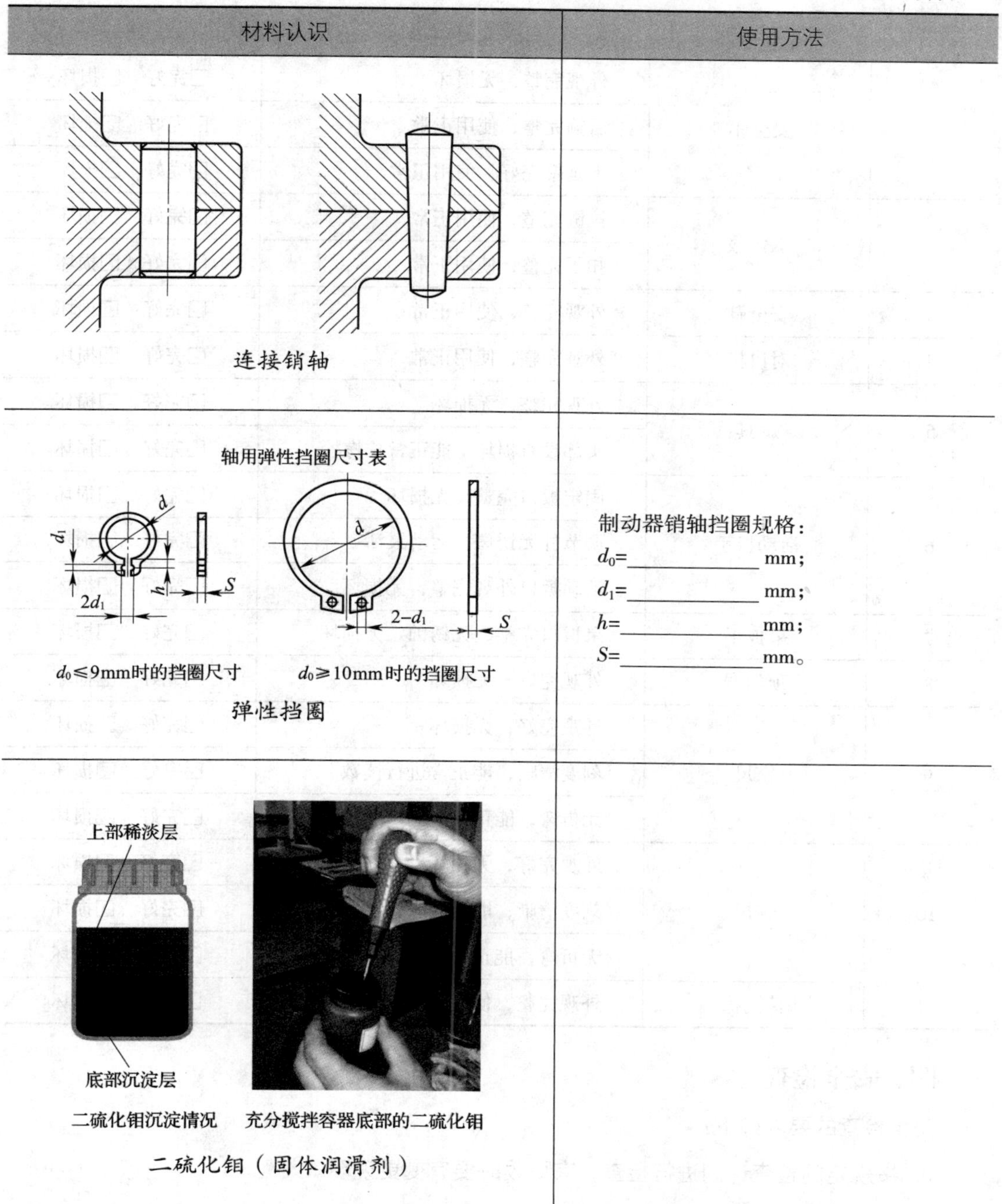

材料认识	使用方法
连接销轴	
轴用弹性挡圈尺寸表 d　d_1　h　S　$2d_1$ d_0≤9mm时的挡圈尺寸 d　$2-d_1$　S d_0≥10mm时的挡圈尺寸 弹性挡圈	制动器销轴挡圈规格： d_0=__________ mm； d_1=__________ mm； h=__________ mm； S=__________ mm。
上部稀淡层 底部沉淀层 二硫化钼沉淀情况　充分搅拌容器底部的二硫化钼 二硫化钼（固体润滑剂）	

3．工具的准备与检查

领取工具后，要立即对所领取的工具进行检查，发现损坏的工具要及时更换，以保证制动器故障排除工作的正常开展。填写工具检查表，见表 1–2–5。

表 1-2-5　　工具检查表

序号	工具名称	检查标准	检查结果
1	安全帽	外观完整，无损坏	□完好　□损坏
		后箍完整，使用正常	□完好　□损坏
		下延带完好，使用正常	□完好　□损坏
2	工作服	拉链完整，使用正常	□完好　□损坏
		扣子完整，使用正常	□完好　□损坏
3	安全鞋	外观完整，使用正常	□完好　□损坏
4	对讲机	外观完整，使用正常	□完好　□损坏
5	旋具	外观完整，无损坏	□完好　□损坏
		头部没有损坏，能正常拧螺栓	□完好　□损坏
6	活动扳手	固定扳口完整，无损坏	□完好　□损坏
		调节杆无锈斑，运动灵活	□完好　□损坏
		活动扳口外观完整，无损坏	□完好　□损坏
7	呆扳手	呆扳口完整，无锈蚀，无损坏	□完好　□损坏
8	顶门器	外观完好，无损坏	□完好　□损坏
9	塞尺	外观完好，无损坏	□完好　□损坏
		刻度清晰，能正常进行读数	□完好　□损坏
		无折弯，能正常使用	□完好　□损坏
10	直尺	外观完好，无损坏	□完好　□损坏
		刻度清晰，能正常进行读数	□完好　□损坏
		无折弯，能正常使用	□完好　□损坏
11	黄铜棒	外观完整，使用正常	□完好　□损坏

四、安全检查

安全检查的要求如下：

1．按规定的检查计划进行检查，有更改时要有变更说明。

2．参加安全检查的人员应按时、按地点、按检查路线进行检查，不得随意变更检查时间、地点和检查路线。

3．参加大修安全检查的人员，应严格按照检查表的检查细则进行检查。

4．进行安全检查，不能影响正常的生产经营活动。

5．参加安全检查的人员应戴好安全帽、穿好工作服和不带铁钉的安全鞋。

6．进行安全检查时，语言要文明，严禁说脏话或使用轻蔑的语言。

7．检查人员进入生产区域，禁止影响操作人员的正常操作。

8．检查出的问题要及时整理汇总，并反馈给有关部门、班组或个人，督促其按要求整改并填写安全检查表（见表 1–2–6）。

表 1–2–6　安全检查表

施工人员		施工组长		日期	
检查项目				检查结果	
健康	1．身体状况是否良好？有没有感到疲劳？			□是　□否	
保护工具	2．是否穿工作服？			□是　□否	
	3．是否戴安全帽？戴帽方式是否正确？			□是　□否	
	4．是否正确穿着安全鞋？			□是　□否	
	5．根据作业需要，是否使用保护工具？			□是　□否	
安全对策	6．是否粘贴安全操作标志？			□是　□否	
	7．是否放置顶层、底层安全防护栏？			□是　□否	
环境	8．是否清洁机房？			□是　□否	
	9．井道照明是否充足？			□是　□否	
	10．零部件、工具是否堆放整齐？			□是　□否	
工具	11．移动照明灯是否完好？			□是　□否	
	12．量具是否已检测？			□是　□否	
	13．起重葫芦是否良好？			□是　□否	
安全作业	14．共同作业时联络信号是否确实可靠？			□是　□否	
	15．作业位置与姿势是否正确？			□是　□否	
	16．灭火器是否放在指定位置？			□是　□否	

五、确定工作流程并制订工作计划

1．确定工作流程

电梯制停距离过长故障检修的内容及流程包括：检查现场、检查安全警示牌设置、检查施工条件、准备工具及物料、检查机械结构部件、起吊机械设备、拆卸制动器、安装与调整制动器等，按正确的顺序将其填写在图 1–2–1 中，并将内容填写完整。组员之间相互借鉴、组合、优化，通过讨论制订出一个可行的工作流程。

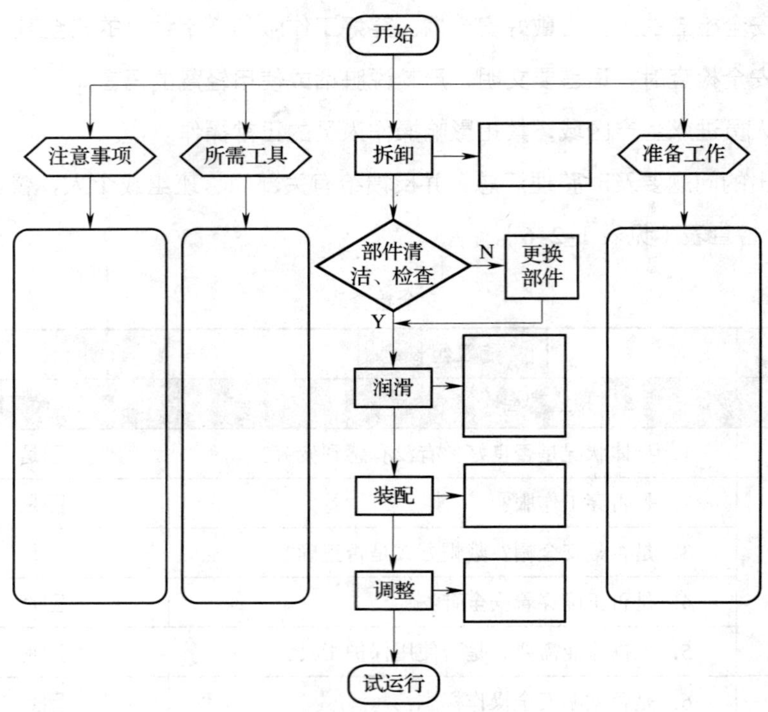

图 1–2–1　电梯制停距离过长故障大修工作流程图

2．制订工作计划

根据电梯制停距离过长故障检修要求，制订电梯制停距离过长故障检修计划，填入表 1–2–7 中。

表 1–2–7　　电梯制停距离过长故障检修计划表

电梯型号	
所需的工具和物料	
故障现象及可能原因	1.
	2.
	3.
	4.
	5.
	6.
	7.

续表

故障检修流程：

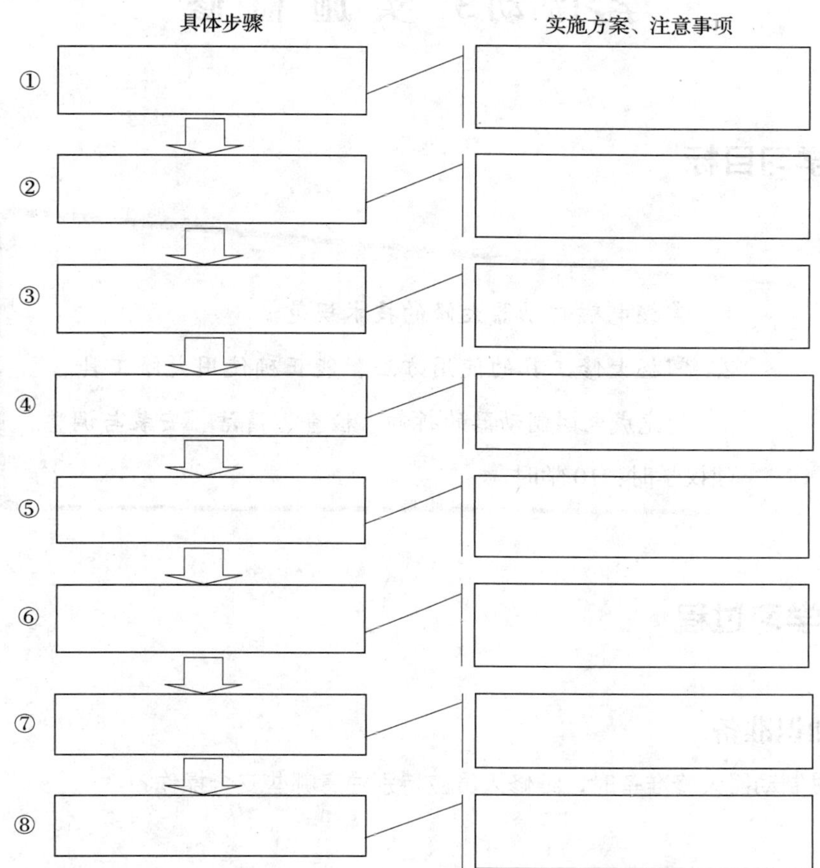

人员分工：

序号	工作内容	负责人	计划完成时间	质量检验人
1				
2				
3				
4				
5				
6				
7				
8				
9				
10				

学习活动3　实 施 检 修

学习目标

1. 掌握电磁制动器大修的技术规范。
2. 掌握大修工具的使用方法，能正确使用大修工具。
3. 能完成电磁制动器的拆卸、检查、清洁、安装与调整。

建议学时：10学时

学习过程

一、知识准备

1．电磁制动器大修准备时，维修人员应特别注意哪些安全操作？

2．电磁制动器拆卸、检查、清洁、安装的技术要点有哪些？

3．简述制动弹簧、制动闸瓦、制动铁芯调整的技术要求。

二、电磁制动器的大修

1．制动器大修前的准备工作

完成电磁制动器大修前的准备工作，并填写表 1-3-1 的内容。

表 1-3-1　　电磁制动器大修前的准备工作

过程图片及步骤描述	实施记录及操作要点
（1）将电梯停至顶层平层 	是否将电梯停至顶层平层 （是□　否□） 是否确认轿厢内无人 （是□　否□）
（2）放置安全防护栏 	在顶层和底层分别放置安全防护栏 是否放置安全防护栏 （是□　否□）
（3）切断电梯主电源开关 	是否切断电梯主电源开关 （是□　否□）

续表

过程图片及步骤描述	实施记录及操作要点
（4）安装盘车手轮和松闸扳手 	盘车手轮安装是否符合要求 （符合□　不符合□） 松闸扳手安装是否符合要求 （符合□　不符合□）
（5）打开制动器 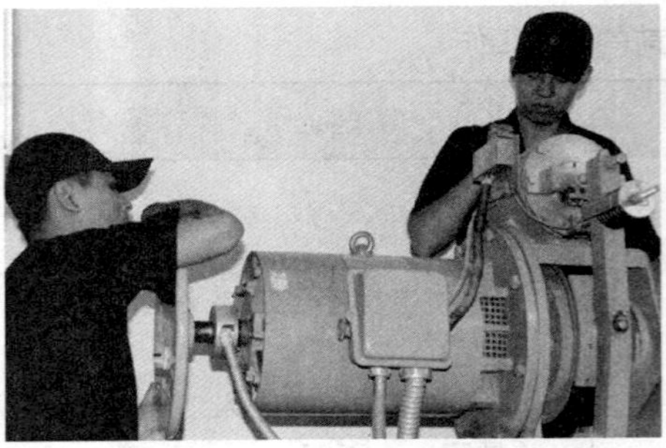	是否两人配合操作 （是□　否□）
（6）对重完全压缩缓冲器，轿厢无法上行 	检查对重是否压缩缓冲器 （是□　否□） 钢丝绳在曳引轮上是否打滑 （是□　否□）
（7）标记制动器开关调节杆初始位置 	是否在制动器开关调节杆上做标记 （是□　否□）

续表

过程图片及步骤描述	实施记录及操作要点
（8）测量制动器开关调节螺杆初始位置 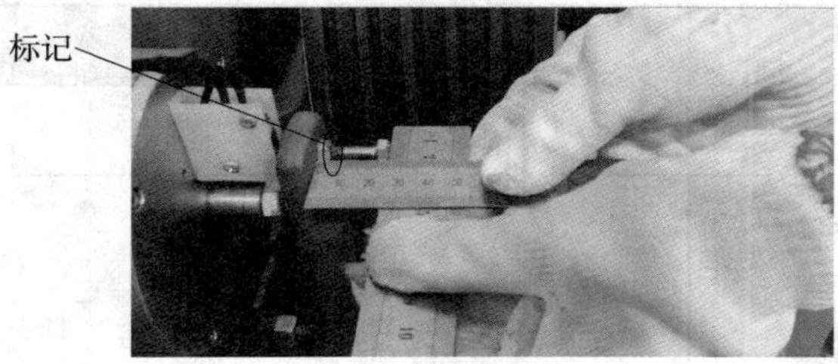 标记	制动器开关调节螺杆初始位置测量 （左）＿＿＿＿＿＿＿＿ （右）＿＿＿＿＿＿＿＿
（9）测量铁芯调节螺杆初始位置 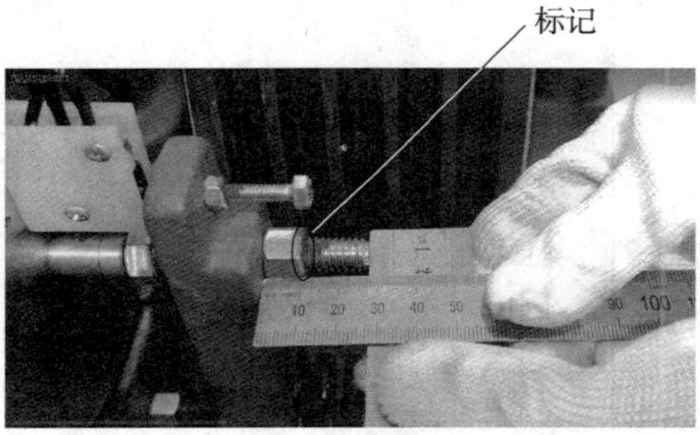 标记	制动器铁芯调节螺杆初始位置测量 （左）＿＿＿＿＿＿＿＿ （右）＿＿＿＿＿＿＿＿
（10）测量弹簧初始位置 	是否在制动弹簧螺母上做标记 （是□　　否□） 弹簧初始位置测量 （左）＿＿＿＿＿＿＿＿ （右）＿＿＿＿＿＿＿＿
（11）标记闸瓦调节弹簧初始位置 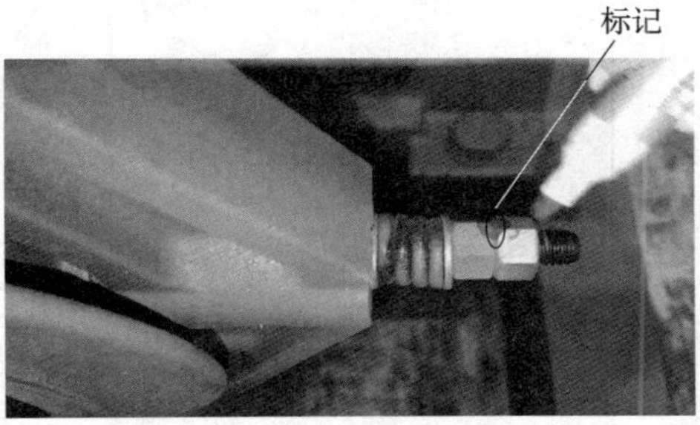 标记	是否在闸瓦调节弹簧螺母上做标记 （是□　　否□）

2．电磁制动器的拆卸、检查、清洁、安装与调整

完成电磁制动器的拆卸、检查、清洁、安装与调整，并填写表 1–3–2 的内容。

表 1–3–2 电磁制动器的拆卸、检查、清洁、安装与调整

过程图片及步骤描述	实施记录及操作要点
一、电磁制动器的拆卸	
1．将制动器一侧的弹簧上紧至规定的极限位置 	将制动器弹簧上紧至极限位置 （左）________________ （右）________________
2．将制动器另一侧的弹簧拆下 	工具的选择 （正确□　　错误□） 工具的使用 （正确□　　错误□）
3．将制动臂调整到外侧 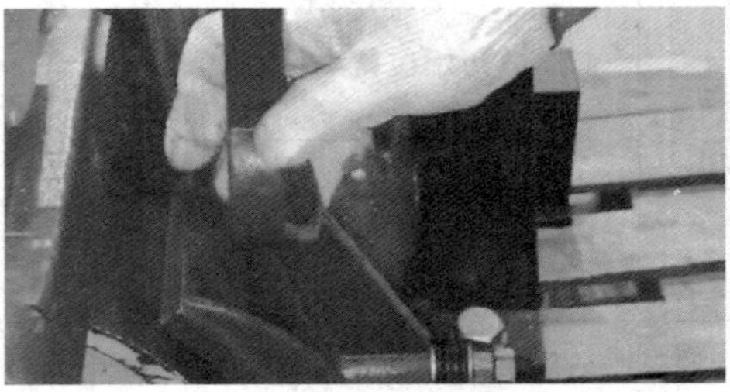	制动弹簧及螺母的摆放 （正确□　　错误□） 制动臂的拆卸 （正确□　　错误□） 制动臂的摆放 （正确□　　错误□）
4．拆卸制动器销轴 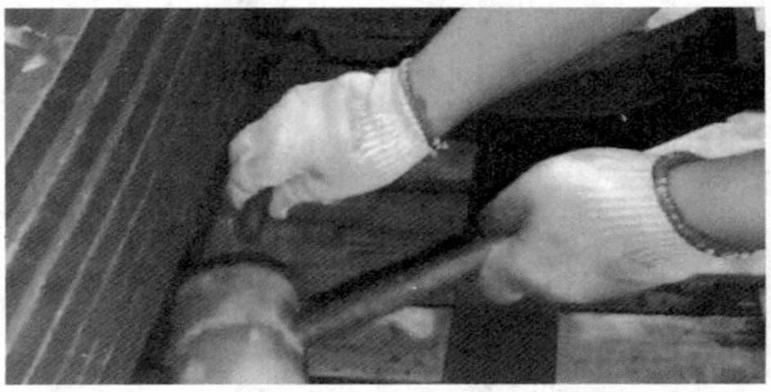	制动器销轴的拆卸 （正确□　　错误□） 锤子的选择 （正确□　　错误□） 黄铜棒的使用 （正确□　　错误□）

续表

过程图片及步骤描述	实施记录及操作要点
5．拆卸制动闸瓦 	制动闸瓦压紧弹簧的拆卸 （正确□　　错误□） 制动闸瓦的拆卸 （正确□　　错误□）
6．拆卸制动器铁芯 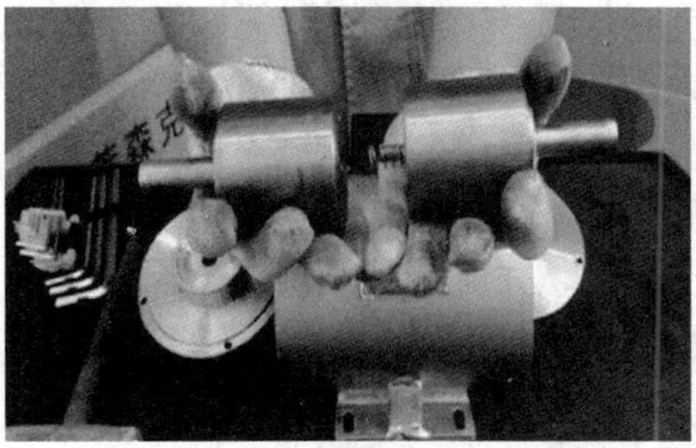	制动器铁芯的拆卸 （正确□　　错误□） 工具的选择 （正确□　　错误□）
二、电磁制动器零件的检查与清洁	
1．制动闸瓦的检查 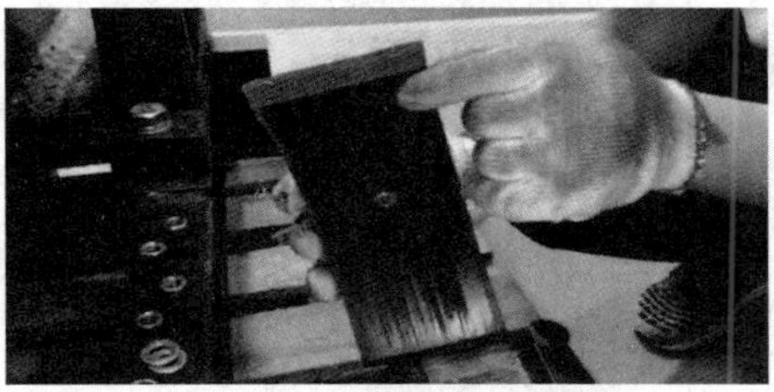	制动闸瓦的检查 （合格□　　不合格□）
2．制动弹簧的检查 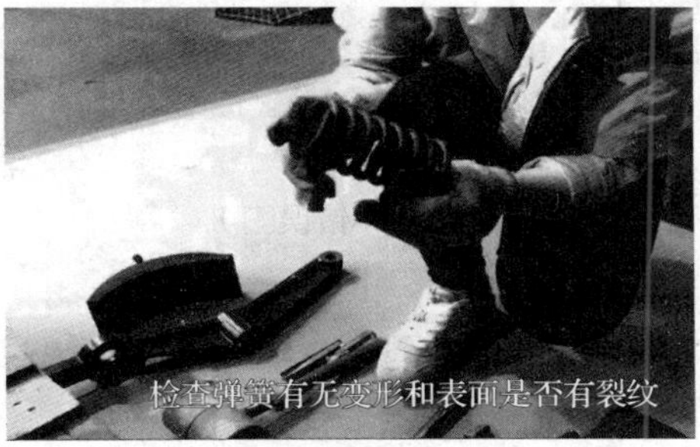 检查弹簧有无变形和表面是否有裂纹	制动弹簧的检查 变形（是□　　否□） 裂纹（有□　　无□）

续表

过程图片及步骤描述	实施记录及操作要点
3．制动销轴的检查 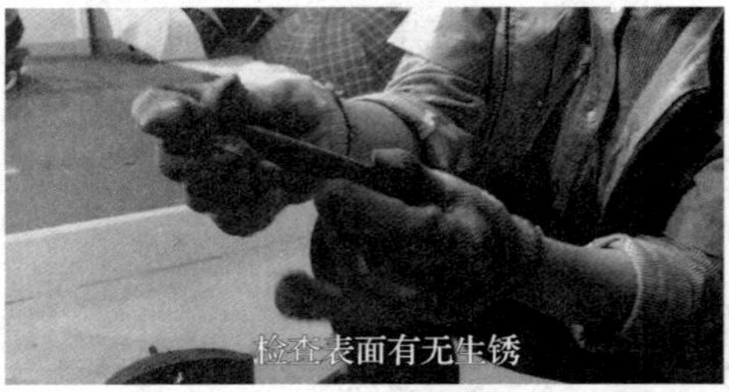 检查表面有无生锈	制动销轴的检查 是否生锈 （是□　　否□） 是否磨损 （是□　　否□）
4．制动销轴的润滑 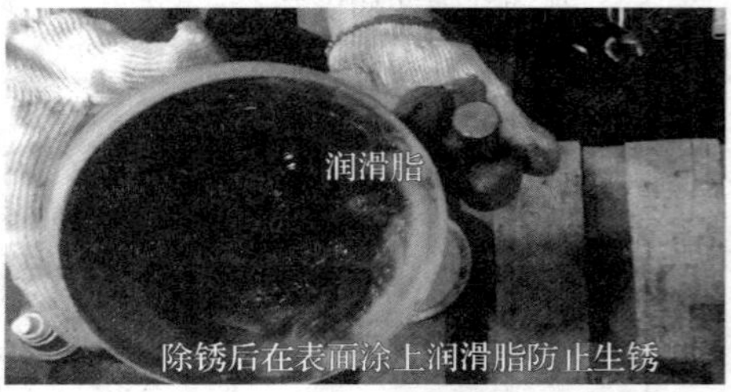 润滑脂 除锈后在表面涂上润滑脂防止生锈	制动销轴的润滑 （正确□　　错误□）
5．制动轮的检查 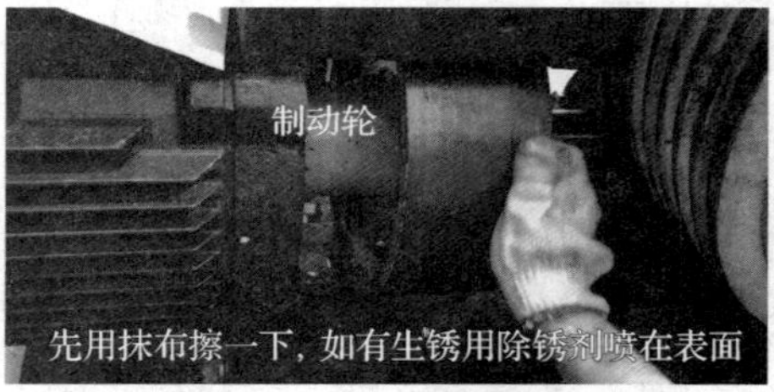 制动轮 先用抹布擦一下，如有生锈用除锈剂喷在表面	制动轮的检查 划伤（有□　　无□） 锈蚀（有□　　无□） 凹槽（有□　　无□）
6．制动轮的清洁 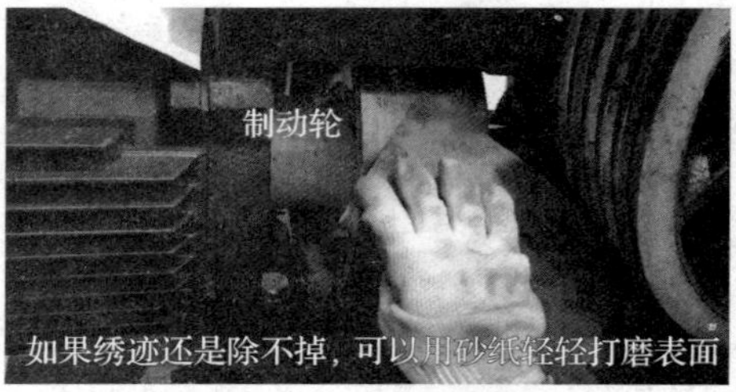 制动轮 如果锈迹还是除不掉，可以用砂纸轻轻打磨表面	制动轮的清洁 （正确□　　错误□）

续表

过程图片及步骤描述	实施记录及操作要点
7．制动铁芯的检查 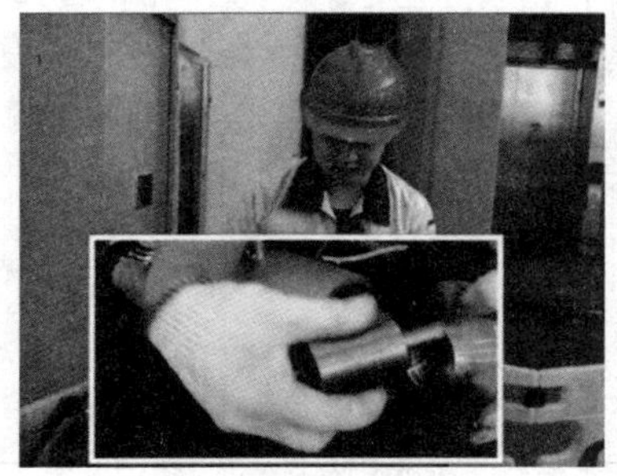	制动铁芯的检查 锈蚀（有□　无□） 铁芯清洁良好（是□　否□） 铁芯润滑良好（是□　否□） 电磁线圈接头松动（有□　无□） 铁芯铜套清洁良好（是□　否□）
三、电磁制动器的安装	
1．铁芯的安装 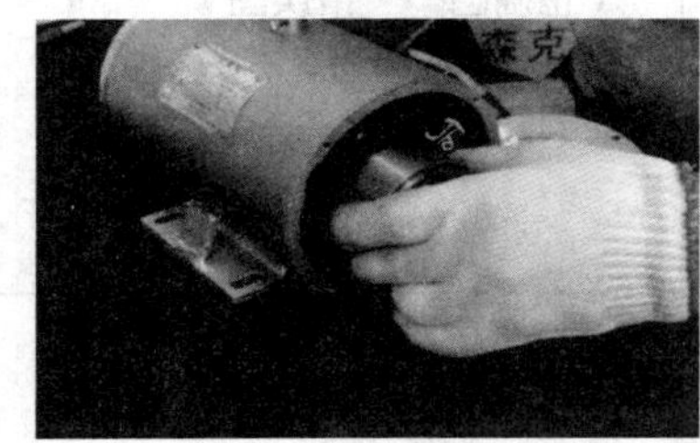	铁芯是否对齐 （是□　否□） 铁芯活动灵活 （是□　否□） 线圈绝缘 （良好□　不好□）
2．制动闸瓦的安装  	平垫、弹垫的安装 （正确□　错误□） 制动闸瓦的安装 （正确□　错误□）

续表

过程图片及步骤描述	实施记录及操作要点
3．安装制动弹簧螺杆（简称制动杆）  安装好制动杆	制动弹簧螺杆的安装 （正确□　　错误□）
4．安装制动臂  把制动臂装上	制动臂的安装 （正确□　　错误□）
5．敲入销轴 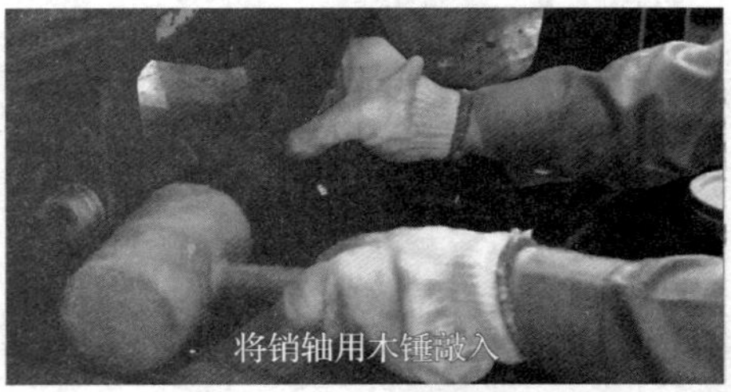 将销轴用木锤敲入	销轴的安装 （正确□　　错误□）
6．插好开口销 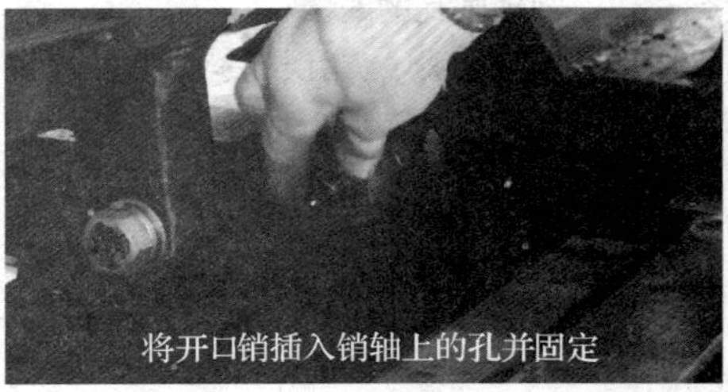 将开口销插入销轴上的孔并固定	开口销的安装 （正确□　　错误□） 卡簧的安装 （正确□　　错误□）

续表

过程图片及步骤描述	实施记录及操作要点
7. 制动弹簧的安装 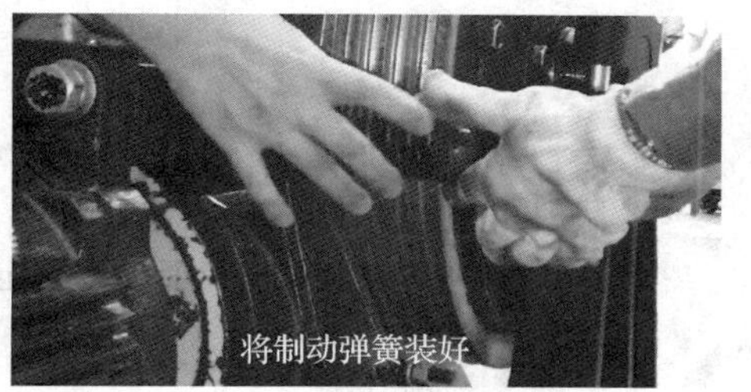 	制动弹簧的安装 （正确□　　错误□）
8. 锁紧制动弹簧至初始位置 	锁紧制动弹簧至初始位置 弹簧初始位置（左）________ 弹簧初始位置（右）________
四、制动器的调整	
1. 制动弹簧松紧度的调整 	检查时先使闸瓦处于抱合状态，再用松开闸装置使闸瓦打开，凭手感可发现弹簧是否松弛 弹簧松弛（是□　　否□）
2. 制动力矩的调整 	制动力矩由主弹簧产生，需调整主弹簧的压缩量。松开主弹簧压紧螺母，将调节螺母拧紧，减小弹簧长度，增加弹力，使制动力矩变大。将调节螺母拧出，增大弹簧长度，增加弹力，使制动力矩变小 弹簧调整（正确□　　错误□）

续表

过程图片及步骤描述	实施记录及操作要点
3．制动弹簧的检查 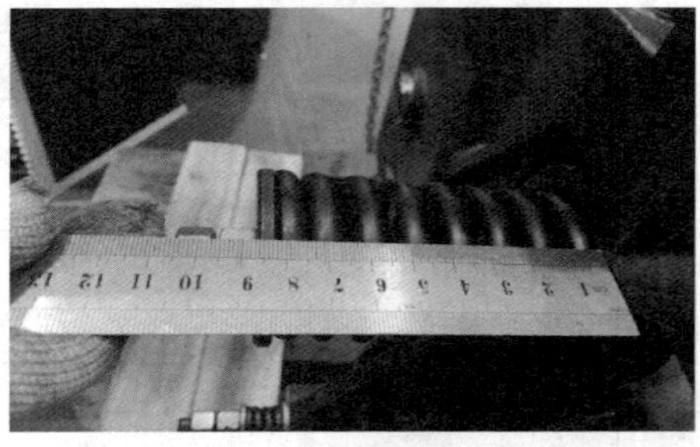 	1．检查制动弹簧两边压力是否相等 （相等□　　不相等□） 2．检查弹簧压缩长度是否在规定数值范围内（150 ~ 200 mm） 弹簧压缩长度：__________ 3．检查螺杆的锁紧螺母和制动器弹簧的螺母是否紧固 （紧固□　　未紧固□） 制动弹簧长度（左）__________ 制动弹簧长度（右）__________
4．制动铁芯的调节 	制动铁芯的调节 铁芯伸出端长度（左）__________ 铁芯伸出端长度（右）__________
5．铁芯动作螺杆的调节 	铁芯动作螺杆的调节 铁芯调节螺杆长度（左）__________ 铁芯调节螺杆长度（右）__________

续表

过程图片及步骤描述	实施记录及操作要点
6. 铁芯间隙的检查  	检查开闸装置两个铁芯之间的间隙，测量可动铁芯在制动器打开和闭合两种状态下的不同位置 松开位置____________ 闭合位置____________ 铁芯间隙____________
7. 闸瓦与制动器间隙的检查 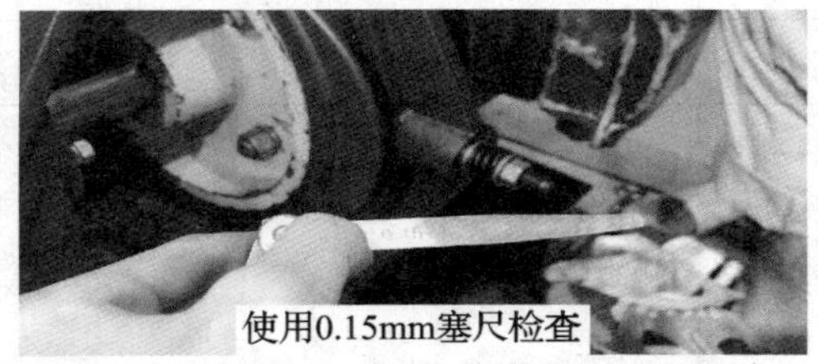 保证制动带与制动轮间隙大于0.15mm	闸瓦与制动器间隙的检查 制动器打开时，闸瓦应同步离开制动轮，无局部摩擦 （摩擦□　　不摩擦□） 间隙____________
8. 制动带的检查 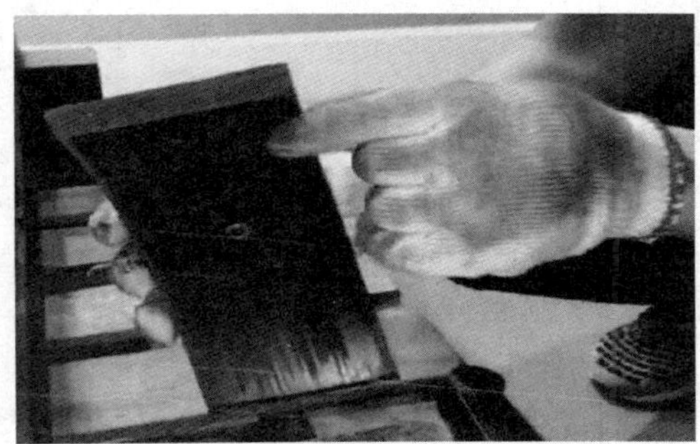	制动带应无油迹或油垢，制动带磨损超过 1 mm 或超过其厚度的 1/4 时应更换新制动带 制动带磨损（正常□　　超标□） 制动带有无油垢（有□　　无□） 制动带磨损（粗测）____________

续表

过程图片及步骤描述	实施记录及操作要点
五、运行	
电梯运行 	接通电源，电梯慢车运行，制动器动作应灵活、可靠 摩擦声（有□　无□） 撞击声（有□　无□） 制动器发热（有□　无□）
六、制动器故障处理	
1. 制动闸瓦打不开 	故障分析：
2. 制动闸瓦与制动轮间隙过小 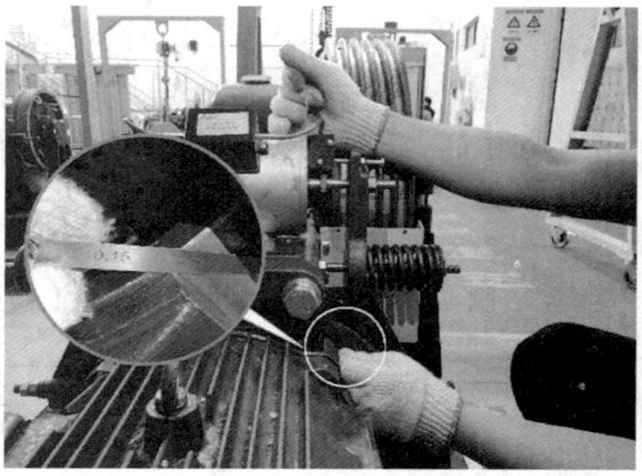	故障分析：

续表

过程图片及步骤描述	实施记录及操作要点
3．单边制动闸瓦两侧间隙过大 	故障分析：
4．两边制动闸瓦不对称 	故障分析：

三、电磁制动器分解、检查、装配及调整实施记录表

实施记录表是对修理过程的记录，以保证修理任务按工序正确执行，对修理的质量进行判断。电磁制动器分解、检查、装配及调整实施记录见表 1–3–3。

表 1–3–3　　电磁制动器分解、检查、装配及调整实施记录表

电磁制动器分解、检查、装配及调整			检查人 / 日期		
步骤	序号	检查项目	技术标准	完成情况	分值
准备	1	将电梯停至顶层，切断电梯主电源	合格□　不合格□	是□ 否□	★
	2	点动打开制动器，直至对重完全压缩在缓冲器上，轿厢不能运行为止	合格□　不合格□		★

续表

步骤	序号	检查项目	技术标准	完成情况	分值
拆卸	3	将制动器一侧的弹簧上紧至规定值	合格□　不合格□	是□ 否□	★
	4	将制动器另一侧的弹簧拆下，然后将制动器臂调整到外侧	合格□　不合格□		★
检查与润滑	5	拆卸制动器臂，擦去原有的润滑脂，并在销轴处涂上相应的润滑油，销轴活动应自如。销轴磨损量超过原直径的5%，或椭圆度超过0.5 mm时，应更换新销轴，杠杆系统或弹簧发现裂纹应及时更换	合格□　不合格□	是□ 否□	6
	6	全部构件运转正常，无阻塞现象。对所有连接部位润滑一次，在活动部位滴入10# 机油，注意润滑油不能滴到制动轮和制动带上	合格□　不合格□		6
	7	制动轮调整螺母、锁紧螺母松紧适当。制动轮表面光滑，应无划痕、凹槽和高温焦化颗粒，否则应打磨光滑	合格□　不合格□		6
	8	电磁铁可动铁芯在铜套内滑动灵活，必要时可用石墨粉或二硫化钼润滑（也可用铅笔芯研成粉末代替）	合格□　不合格□		★
	9	电磁线圈接头应无松动情况，线圈外部必须有良好的绝缘保护，防止短路	合格□　不合格□		★
安装	10	重新装上制动臂，并将制动弹簧上紧至规定的极限值	合格□　不合格□	是□ 否□	6
	11	重复上述步骤，装上另一边的制动臂，将其擦干净并润滑好	合格□　不合格□		6
	12	在安装过程中要注意弹簧垫圈、平垫圈的安装位置，注意螺栓的安装方向，使用正确的连接螺栓	合格□　不合格□		6
调整	13	确认弹簧两边压力是否相等	合格□　不合格□	是□ 否□	6
		确认弹簧压缩长度在规定范围内	合格□　不合格□		6
		检查螺杆的锁紧螺母是否紧固	合格□　不合格□		6

续表

步骤	序号	检查项目	技术标准	完成情况	分值
调整	14	两个铁芯的间隙值为 2 ～ 3 mm	合格□　不合格□	是□ 否□	6
	15	制动器动作必须灵活可靠，制动闸瓦应紧密地贴合在制动轮的工作表面上，制动带与制动轮的接触面积应不小于 80%	合格□　不合格□		6
		制动器动作灵活，制动时两侧闸瓦应紧密、均匀地贴合在制动轮的工作面上，制动器打开时应同步离开，其四角处间隙平均值两侧均不大于 0.7 mm	合格□　不合格□		6
运行	16	接通电源，电梯慢车运行，制动器动作灵活、可靠 电梯快车运行，切断电动机或制动器电源，轿厢应能被可靠制停	合格□　不合格□	是□ 否□	6

评分依据：带★号项目为重要项目，一项不合格，则检验结论为不合格。其他项目为一般项目，总扣分若不超过 20 分（包括 20 分），检验结论为合格；超过 20 分则为不合格。

学习活动 4　检验与验收

学习目标

1. 掌握工作验收表中的验收步骤与验收内容。
2. 掌握电梯制停试验的方法和步骤。
3. 能进行自检与互检。

建议学时：2 学时

学习过程

一、工作验收表

维修工作结束后，电梯安装维修工应确认是否所有部件和功能都正常。维修站应会同客户对电梯进行检查，确认所委托的电梯修理工作已全部完成，并达到客户的修理要求。电磁制动器分解、检查、装配及调整工作验收表见表 1–4–1。

表 1–4–1　　电磁制动器分解、检查、装配及调整工作验收表

1. 工作验收

<table>
<tr><th>验收步骤</th><th colspan="2">验收内容</th></tr>
<tr><td>（1）是否按工作计划进行了所有工作？</td><td colspan="2">（1）把工作计划中的所有项目检查一遍，确认所有项目都已经圆满完成，或者给出了应有的解释</td></tr>
<tr><td rowspan="5">（2）哪些工作项目必须以现场检查方式进行检查？</td><td colspan="2">（2）检查以下工作项目</td></tr>
<tr><td>现场检查</td><td>结果</td></tr>
<tr><td>检查制动闸瓦与制动轮的间隙</td><td></td></tr>
<tr><td>检查制动弹簧、制动闸瓦、制动铁芯、销轴的工作状态</td><td></td></tr>
<tr><td>检查制动器动作时是否有异常响声</td><td></td></tr>
</table>

续表

验收步骤	验收内容
（3）是否遵守规定的维修工时？	（3）电磁制动器的分解、装配及调整的规定时间是30 min（合格□　不合格□）
（4）电磁制动器是否干净、整洁？	（4）检查电磁制动器是否干净、整洁，各种保护罩是否已经装好（合格□　不合格□）
（5）哪些信息必须转告客户？	（5）指出下次维修保养时必须排除的其他已经确认的故障
（6）对质量改进的贡献？	（6）考虑维修和工作计划准备，维修工具、检测工具、工作油液和辅助材料的供应情况，时间安排是否已经达到最佳程度 提出改善建议并在下次修理时予以考虑
2．记录	
（1）是否记录了配件和材料的需求量？ （2）是否记录了工作开始和结束时间？	
3．大修后的咨询谈话	
客户接收电梯时期望对下述内容做出解释： （1）检查表 （2）已经完成的工作项目 （3）结算单 （4）移交维修记录本	在维修后谈话时向客户转告以下信息： （1）发现异常情况，如制动带磨损等 （2）电梯日常使用中应注意之处 （3）电梯使用多长时间后需要进行制动器分解、检查、装配、调整和清洗
4．对解释说明的反思	
（1）是否达到了预期目标？ （2）可视化方式是否正确？ （3）与相关人员的沟通效率是否较高？ （4）组织工作是否良好？	

二、电梯制停试验

大修完成后，对电梯制停情况进行测试，填写表 1–4–2，并与物业管理人员（甲方）签字确认。

表 1-4-2　　　　　　　　　电梯制停情况测试记录表

<table>
<tr><td>用户单位</td><td colspan="2"></td><td colspan="2">用户地址</td><td></td></tr>
<tr><td>卷尺型号</td><td colspan="2"></td><td colspan="2">测量单位</td><td></td></tr>
<tr><td>序号</td><td>制停距离</td><td colspan="2">制动距离</td><td colspan="2">制停滑移距离</td><td>平层滑移距离</td></tr>
<tr><td>1</td><td></td><td colspan="2"></td><td colspan="2"></td><td></td></tr>
<tr><td>2</td><td></td><td colspan="2"></td><td colspan="2"></td><td></td></tr>
<tr><td>检验人员</td><td colspan="2"></td><td colspan="2">检验日期</td><td></td></tr>
<tr><td colspan="3">项目施工负责人签字：

年　　月　　日</td><td colspan="4">物业负责人签字：

年　　月　　日</td></tr>
</table>

小提示

电梯制停试验：将电梯开至顶层平层，检测人员在曳引轮和钢丝绳上做好标记。电梯运行至基站，然后从基站全速上行。电梯运行到行程上部范围内，切断主电源，检测人员在钢丝绳上做好标记，并测出标记的长度 S_1（对于额定速度为 1.75 m/s 的电梯，经验数值不超过 2.1 m）。将电梯开至顶层，测出钢丝绳与曳引轮之间的滑移距离 S_2，如图 1-4-1、图 1-4-2、图 1-4-3 所示。

图 1-4-1　在钢丝绳上做标记

图 1-4-2　测量制停距离

图 1-4-3　测量制停滑移距离

其中，S_1 为制停距离，S_2 为滑移距离，S_1-S_2 为制动距离。

平层滑移距离测试：将电梯开至顶层平层，检测人员在曳引轮和钢丝绳上做好标记。将电梯运行至底层，开至顶层平层，测出平层滑移距离 S_3。

电梯额定速度与轿厢制停距离见表 1–4–3。

表 1–4–3　　电梯额定速度与轿厢制停距离

电梯额定速度 /（m/s）	1.0	1.5	1.6	1.75	2.0	2.5
轿厢制停距离 /m	<0.8	<1.6	<1.8	<2.1	<2.5	<3.5
轿厢制动减速度 /（m/s^2）	<0.6	<0.7	<0.7	<0.7	<0.8	<0.9

三、自检与互检

电磁制动器分解、检查、装配及调整的自检、互检记录见表 1–4–4。

表 1–4–4　　电磁制动器分解、检查、装配及调整的自检、互检记录表

自检、互检记录	备注
各小组学生按技术要求检测设备并记录 检测问题记录：	自检
各小组分别派代表按技术要求检测其他小组设备并记录 检测问题记录：	互检
教师检测问题记录：	教师检验

小提示

工程验收时，应对下列项目进行检查：

1. 制动器应干净、整洁，制动带应安装牢固、无油污。
2. 制动弹簧螺母、铁芯调节杆螺母应紧固，无松动迹象。
3. 制动器动作灵活、可靠，无摩擦或延时抱闸等现象。
4. 铁芯动作正常，无异常响声和撞击声。
5. 做电梯制停试验时，电梯应能可靠停止，制停距离在厂家规定的范围内。

学习活动5 工作总结与评价

学习目标

1. 能按分组情况，派代表展示工作成果，说明本次任务的完成情况，并做分析总结。

2. 能结合任务完成情况，正确规范地撰写工作总结。

3. 能就本次任务中出现的问题提出改进措施。

4. 能对学习与工作进行反思，并能与他人开展良好合作，进行有效沟通。

建议学时：2学时

学习过程

一、个人、小组评价

以小组为单位，选择演示文稿、展板、海报、视频等形式中的一种或几种，向全班展示、汇报工作成果。在展示的过程中，以小组为单位进行评价；评价完成后，根据其他小组对本组展示成果的评价意见进行归纳总结。

汇报任务实施过程：

其他小组的评价意见：

二、教师评价

认真听取教师对本小组展示成果优缺点以及在完成任务过程中出现的亮点和不足的评价意见，并做好记录。

1．教师对本小组展示成果优点的点评。

2．教师对本小组展示成果缺点及改进方法的点评。

3．教师对本小组在整个任务完成过程中出现的亮点和不足的点评。

三、工作过程回顾及总结

1．在团队学习过程中，项目负责人给你分配了哪些工作任务？你是如何完成的？还有哪些需要改进的地方？

2．总结完成电梯制停距离过长故障排除任务过程中遇到的问题和困难，列举 2 ～ 3 点你认为比较值得与其他同学分享的工作经验。

3．回顾本学习任务的工作过程，对新学专业知识和技能进行归纳和整理，撰写工作总结。

评价与分析

按照客观、公正和公平的原则，在教师的指导下按自我评价、小组评价和教师评价三种方式对自己或他人在本学习任务中的表现进行综合评价。综合等级按 A（90 ~ 100）、B（75 ~ 89）、C（60 ~ 74）、D（0 ~ 59）四个级别进行填写，见表 1–5–1。

表 1–5–1　　学习任务综合评价表

考核项目	评价内容	配分（分）	评价分数		
			自我评价	小组评价	教师评价
职业素养	劳动保护用品穿戴完备，仪容仪表符合工作要求	5			
	安全意识、责任意识、服从意识强	6			
	积极参加教学活动，按时完成各项学习任务	6			
	团队合作意识强，善于与人交流和沟通	6			
	自觉遵守劳动纪律，尊敬师长，团结同学	6			
	爱护公物，节约材料，管理现场符合 6S 标准	6			
专业能力	专业知识扎实，有较强的自学能力	10			
	操作积极，训练刻苦，具有一定的动手能力	15			
	技能操作规范，注重检修工艺，工作效率高	10			
工作成果	维修过程符合工艺规范	20			
	工作总结符合要求	10			
总　分		100			
总评	自我评价×20%+小组评价×20%+教师评价×60%=	综合等级	教师（签名）:		

学习任务二　电梯曳引机漏油故障排除

学习目标

1. 能搜集电梯维修的相关资料。
2. 熟悉曳引机的基本结构和工作原理。
3. 能阅读电梯大修任务书。
4. 能合理制订维修计划和方案。
5. 能正确检查、使用大修工具和仪器。
6. 能完成曳引机密封圈的更换。
7. 能完成曳引机渗油、漏油的检查。
8. 能完成电梯曳引机漏油故障排除的工作总结与评价。

建议学时

24 学时

工作情境描述

现有日立 YPVF 型电梯，30 层 /30 站，额定速度为 1.75 m/s，载重量为 1 000 kg。做季度、年度检查时，发现电梯曳引机有持续漏油现象，需进行大修。电梯安装维修工从项目主管处领取电梯曳引机漏油故障大修任务书，要求在 3 个工作日内完成电梯曳引机漏油故障的大修，使电梯恢复正常使用性能，并交付验收。

工作流程与活动

学习活动 1　明确工作任务（2 学时）

学习活动 2　制订工作计划（2 学时）

学习活动 3　实施检修（16 学时）

学习活动 4　检验与验收（2 学时）

学习活动 5　工作总结与评价（2 学时）

学习活动1　明确工作任务

1. 能进行电梯曳引机漏油故障分析。
2. 能阅读电梯大修任务书。
3. 能填写电梯大修信息联系表。

建议学时：2学时

学习过程

根据企业工作流程要求，查阅电梯维修计划表和电梯保养单要点，进行归类、分析和整理，罗列出曳引机、蜗杆、蜗杆轴承等基本信息、工作时间，曳引机漏油故障大修项目，填写曳引机漏油故障检修信息表，明确曳引机漏油故障大修任务。

一、电梯曳引机漏油故障分析

电梯曳引机漏油主要分为蜗杆伸出端漏油，箱体、蜗轮接合部漏油等情况，主要表现为密封材料或介质的机械磨损、腐蚀和老化等。

- 安装损伤：沟槽等部件边角锋利、密封件尺寸不合适，密封件硬度或弹性过低，密封件表面有污物。
- 挤压损伤：间隙过大，间隙尺寸不规则，压力过大，材料硬度或弹性太低，沟槽空间太小，槽边角过于锋利，密封件尺寸不合适。
- 化学腐蚀损坏：材料与介质不符或温度过高可引起O形密封圈的各种缺陷，如起泡、破裂、褪色等，有时化学腐蚀仅可通过仪器测量其物理性能确认。

（1）填写故障树

分析电梯曳引机漏油故障原因，并填写故障树（见图2-1-1）。

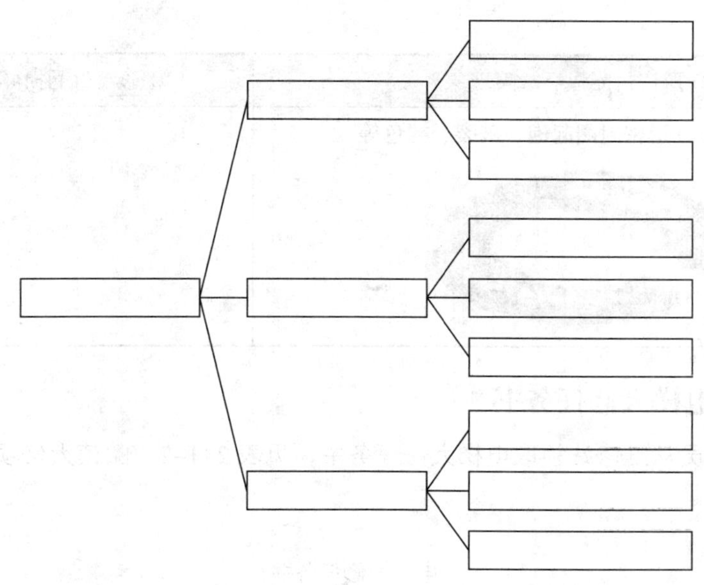

图 2-1-1　电梯曳引机漏油故障树

（2）填写电梯曳引机漏油故障分析表

经初步分析，本任务是由 O 形密封圈损坏造成的漏油。

根据电梯曳引机 O 形密封圈损坏故障现象填写故障分析表（见表 2-1-1）。

表 2-1-1　O 形密封圈损坏故障分析表

O 形密封圈损坏故障现象	O 形密封圈损坏故障分析
1. 检查时发现 O 形密封圈部分或全部呈现整齐伤口	
2. 检查时发现 O 形密封圈有粗糙的边缘，通常在压力低的一侧	

续表

O 形密封圈损坏故障现象	O 形密封圈损坏故障分析
3．检查时发现 O 形密封圈起泡、破裂、褪色等	

二、阅读电梯大修任务书

电梯维修人员从维修站领取电梯大修任务书，见表 2–1–2，阅读大修项目名称、日期、地点等相关信息。

表 2–1–2　　电梯大修任务书

1．电梯的基本情况

类别：曳引系统□　导向系统□　门系统□　控制系统□　　日期：　年　月　日

用户名称			
用户地址			
故障现象	电梯在进行季度、年度检验时，发现曳引机有持续漏油现象		
申报时间		完工时间	
申报单位		报修人电话	
电梯型号		生产厂家	
控制方式		载重量	
额定速度		层站	

2．大修作业人员

大修人员姓名		证号		有效期	
大修人员姓名		证号		有效期	

3．工作内容

序号	大修项目	大修要求	序号	大修项目	大修要求
1			3		
2			4		

4．验收和移交

验收意见：

验收人		大修负责人		物业负责人	

学习活动 2　制订工作计划

学习目标

1. 了解密封圈的结构与类型。
2. 了解联轴器的结构。
3. 能准备大修物料和工具。
4. 能制订大修计划或方案。

建议学时：2 学时

学习过程

一、认识密封圈的结构与工作原理

1．引导问题

（1）橡胶式密封圈有什么特点？主要应用在哪些场合？

（2）简述密封圈的安装技术规范？

2．电梯曳引机中使用的密封圈

在减速箱中多采用 O 形密封圈（骨架式油封）作为防漏油装置（油封）能起到较好的

效果。但由于油封一般使用橡胶合成材料制作，随着使用年限的增加，油封防漏油的效果会有所下降，所以，一般在油封使用 1 ~ 2 年后，应予以更换。

（1）密封圈的结构与类型

密封圈的结构、类型与性能参数见表 2–2–1。

表 2–2–1　　密封圈的结构、类型与性能参数

<table>
<tr><td colspan="2">一、密封圈的结构和类型
1．密封圈的类型
按负载类型可分为静密封和动密封，按密封用途可分为孔用密封、轴用密封和旋转轴密封，按其安装形式可分为径向安装和轴向安装，按形状可分为盘根式和橡胶圈式等。</td></tr>
<tr><td>（1）盘根式
</td><td>采用油浸盘根（麻或石棉）做密封材料，经油浸透后，装入后用轴承盖压紧。通过调节轴承盖的压紧力，来达到调节密封效果的目的
这种密封装置虽然易调节，装拆方便，但密封效果差，通常在密封处仍会有油漏出来</td></tr>
<tr><td>（2）橡胶圈式
</td><td>这种形式密封效果好，密封处一般不易出现渗漏现象，且结构简单。但橡胶圈一旦磨损或老化后就必须更换，而且拆卸与更换比较麻烦</td></tr>
<tr><td colspan="2">2．O 形密封圈的结构
O 形密封圈由于制造费用低、使用方便，已被广泛应用于各种动、静密封场合。
O 形密封圈的特点：
（1）O 形密封圈安装在沟槽中，结构简单、密封性能好
（2）尺寸与凹槽已实现标准化，易于购买</td></tr>
<tr><td rowspan="5">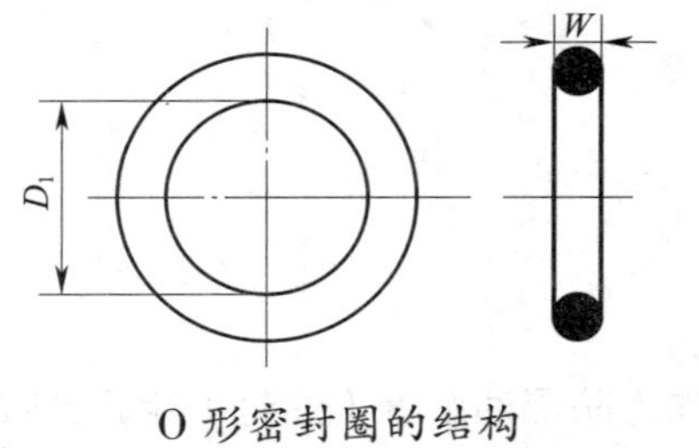
O 形密封圈的结构</td><td>D_1 是 O 形密封圈的内径，W 是 O 形密封圈的高度
识别 O 形密封圈代号：7.5 × 1.8–G–N</td></tr>
<tr><td>7.5：</td></tr>
<tr><td>1.8：</td></tr>
<tr><td>G：</td></tr>
<tr><td>N：</td></tr>
</table>

续表

二、密封圈的性能参数

性能参数	静密封	动密封
工作压力	无挡圈时，最高可达 20 MPa 有挡圈时，最高可达 40 MPa 用特殊挡圈时，最高可达 200 MPa	无挡圈时，最高可达 5 MPa 有挡圈时，可承受较高压力
动作速度	最大往复速度可达 0.5 m/s，最大旋转速度可达 2.0 m/s	
温度	一般场合：-30℃ ~ +110℃；特殊橡胶：-60℃ ~ +250℃；旋转场合：-30℃ ~ +80℃	

（2）密封圈的安装

径向安装时，对于轴用密封，应使 O 形密封圈内径和被密封直径间的偏差尽可能小；对于孔用密封，应使其内径等于或略小于沟槽。

取出密封圈时需自制一个专用工具，如用 1 mm 的钢丝经磨削加工后制作一个小钩，将小钩平行于沟槽，贴着沟槽使用微力即可探入槽底，旋转 90° 使小钩包络住密封圈，然后向上、向内略施力即可挖（撬）取而出，如图 2-2-1 所示。

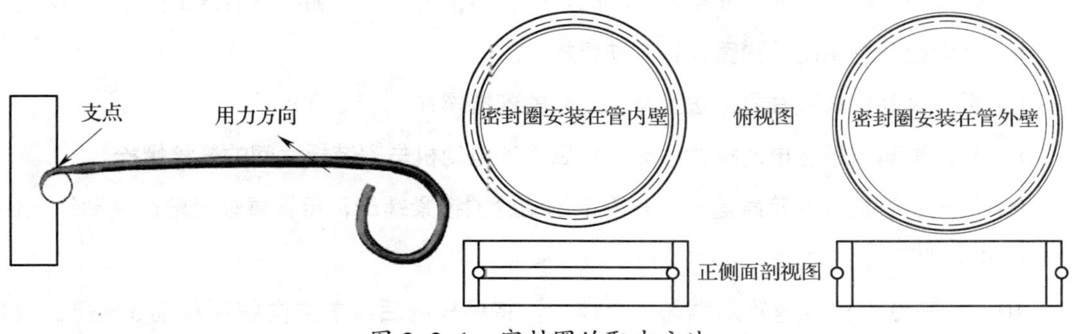

图 2-2-1　密封圈的取出方法

密封圈安装技术规范：

1）不能破坏唇边。唇边若有微小伤痕，可能导致明显的漏油、漏气。

2）定检防超期老化。定期检查防止磨损、老化现象以及漏油、漏气，及时更换新的密封圈。

3）更换型号规格要一致。要严格按照要求，选用相同规格的密封圈，以保证密封要求。

4）更换合格产品。更换前检查密封圈弹性和表面质量，确定表面光滑，无凸凹、裂痕等缺陷后再使用。

5）应使用专用工具安装，以免沟槽金属锐边将手指划伤。安装前应清洁沟槽，在唇部涂抹润滑油，先将密封圈压入沟槽，再逐渐完全、均匀地压入。

3．曳引机密封圈更换大修工艺

（1）材料要求

润滑油：连接件润滑油的型号应符合设计要求。

（2）大修工艺

将电梯停在高层，确保轿厢内无人，关闭层门、轿门。一人在轿顶、一人在底坑。将一条 2 ~ 3 m 的铁水管（直径为 60 ~ 80 mm，足够厚度）垂直放置在缓冲器旁正下方且要求底面紧固，底坑人员蹲下扶稳。轿顶人员通过对讲机联络底坑人员，确保安全时，向上慢车运行至顶层。机房人员切断主电源，松开抱闸使轿厢向上，对重向下至对重被铁水管顶起。底坑人员出底坑。

1）将电梯停至顶层，切断电梯主电源。

2）将电梯轿厢用起重葫芦吊起，使用撑木将对重撑起，提拉安全钳拉杆使安全钳钳块动作，然后稍微松一下起重葫芦，以使轿厢重力主要由安全钳承受。

3）起吊轿厢时要注意安全，必须保护好称量装置。

4）当曳引钢丝绳松掉后，将钢丝绳卸下，并做好排列顺序标记。

5）将曳引机减速箱润滑油排入干净的桶中，拆下电动机、编码器接线及抱闸接线。

6）完全松开抱闸制动弹簧，将制动臂放下。

7）拆下制动轮与联轴器（法兰盘）之间的连接螺栓。

8）用起重葫芦吊住电动机的吊环，随后拆下电动机与安装板之间的连接螺栓。

9）拆开曳引机减速箱端盖，松开固定制动轮的锁紧螺母，用铜棒轻轻敲击制动轮，使制动轮松动即可。

10）松开曳引机减速箱后端盖 4 个螺栓，将蜗杆向后端盖方向缓缓移动 5 cm 后，将制动轮取出，拆下连接制动轮的键销，在键槽上贴上胶布（以防拆下前端盖时碰到油封），随后拆下前端盖（包括调整垫圈，其用于防止蜗杆的窜动）。

11）更换前端盖的密封圈。

二、蜗杆轴与电动机轴的连接

1．引导问题

（1）什么是曳引机的同心度?

（2）在装配过程中，如何确保曳引机的同心度？

（3）如果设备不同心，在日常使用过程中会产生哪些问题？

2．联轴器

曳引机一般采用刚性联轴器或弹性联轴器。联轴器的外圆即为曳引机电磁制动器的制动面，因此联轴器又称为制动轮。

（1）刚性联轴器（见图 2–2–2）

对于蜗杆采用滑动轴承的结构一般采用刚性联轴器，此时轴与轴承的配合间隙较大，刚性联轴器有助于蜗杆轴的稳定转动。刚性联轴器要求两轴之间的同心度较高，在连接后同心度不应大于 0.02 mm，如图 2–2–2 所示。

（2）弹性联轴器（见图 2–2–3）

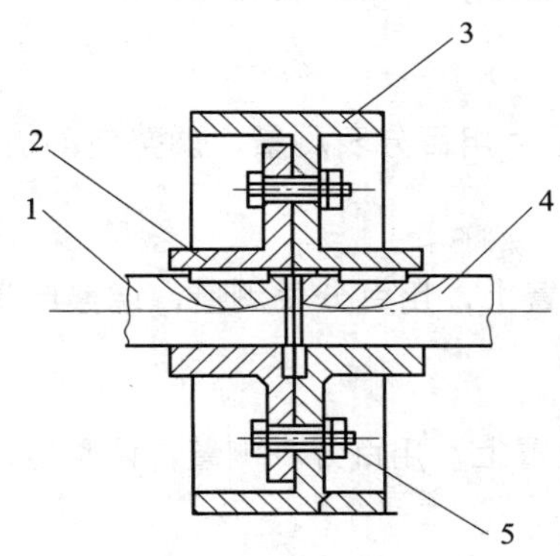

图 2–2–2　刚性联轴器

1—电动机轴　2—左半联轴器　3—右半联轴器　4—蜗杆轴　5—螺栓

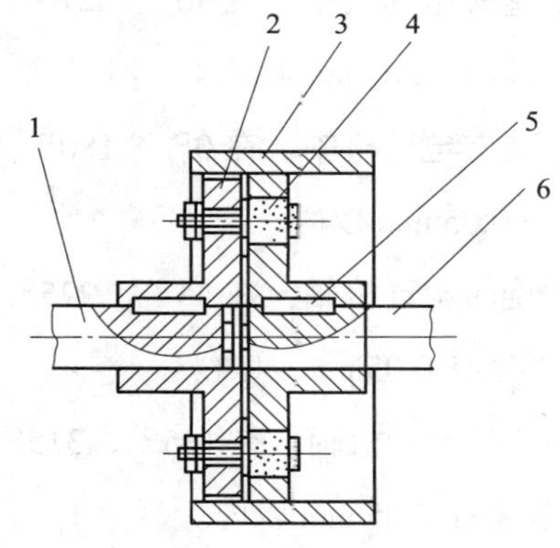

图 2–2–3　弹性联轴器

1—电动机轴　2—左半联轴器　3—右半联轴器　4—橡胶块　5—键　6—蜗杆轴

当蜗杆轴采用滑动轴承的结构时，一般会采用弹性联轴器。由于联轴器中的橡胶块在传递力矩时会发生弹性变形，从而能在一定范围内自动调节电动机轴与蜗杆轴之间的间隙，因此允许安装时有较大的同心度（允差为 0.1 mm），使安装与维修都比较方便。另外，弹性联轴器对传动中的振动具有减缓的作用。

3．同心度

当电动机轴与蜗杆轴按规定的技术标准装配，并达到同心度技术要求时，电动机轴与蜗杆轴承受的仅为转动力，运转时会很平滑。但同心度不达标时，要承受来自减速箱输入端的径向力，径向力长期作用将会使电动机轴弯曲，而且弯曲的方向随着电动机轴的转动不断变化。电动机轴每转动一周，径向力的方向连续变化 360°。如果同心度的误差较大，该径向力使电动机轴温度升高，其金属结构不断被破坏，最后该径向力将会超出电动机轴所能承受的最大径向力，导致电动机轴被折断。

同心度误差越大，电动机轴折断的周期越短。在电动机轴折断的同时，蜗杆减速箱输入端同样也承受来自电动机方面的径向力，如果这个径向力同时超出了两者所能承受的最大径向力，其结果也会导致蜗轮蜗杆减速箱输入端产生变形甚至断裂。因此，在装配时保证电动机轴与蜗杆轴的同心度至关重要。

曳引机解体大修、重新安装后，出现运行振动、电动机摇摆、不能正常使用的情况时，需要对蜗杆轴与电动机轴同心度进行调整。具体方法如下：拆开联轴器固定螺栓，必要时拆除抱闸装置，使制动轮（联轴器）裸露，便于测试，将百分表吸附固定在曳引机底座上。

（1）横向调整

1）旋转电动机轴，在 90°、270°（上、下）位置上，用百分表测量，调整电动机垫片，使误差在 0.05 mm 以内。

2）旋转电动机轴，在 0°、180°（水平）位置上，用百分表测量，调整电动机垫片，使误差在 0.05 mm 以内。

3）旋转电动机轴，在 45°、225°（上、下）位置上，用百分表测量，调整电动机垫片，使误差在 0.05 mm 以内。

4）旋转电动机轴，在 135°、315°（上、下）位置上，用百分表测量，调整电动机垫片，使误差在 0.05 mm 以内。

（2）纵向调整

将百分表置于制动轮纵端面上，按横向调整的步骤进行调整。

重复横向调整和纵向调整并检查，使误差尽可能小，不符合要求时再进行横向调整和纵向调整。

（3）注意事项

1）调整前，应吊起轿厢或对重，动作安全钳应将轿厢完全夹持在导轨上，将钢丝绳从轮槽中取出，在曳引机空载的情况下进行测量。

2）每次调整电动机时，只调整与该方向有关的垫片，尽可能不动影响其他项目的垫片。

3）测试时，应紧固电动机固定螺栓，减少人为误差。电动机轴与蜗杆轴的同心度直接影响曳引机的运行状态，是引起曳引系统振动、影响电梯运行舒适感的重要因素，也是保证电梯安全运行的必要条件。

4．技术图样

与分解图相比，技术图样在电梯修理方面的作用很小。但电梯安装维修工应能看懂技术图样，尤其是用于表示组装状态下的电梯技术总成的总装配图。技术图样包含各部件之间布置位置和相互作用关系方面的所有信息。此外，有时要求电梯安装维修工绘制某一部件的草图。为此电梯维修工必须具备绘图和测量记录方面的基本知识。制动轮草图如图 2–2–4 所示。

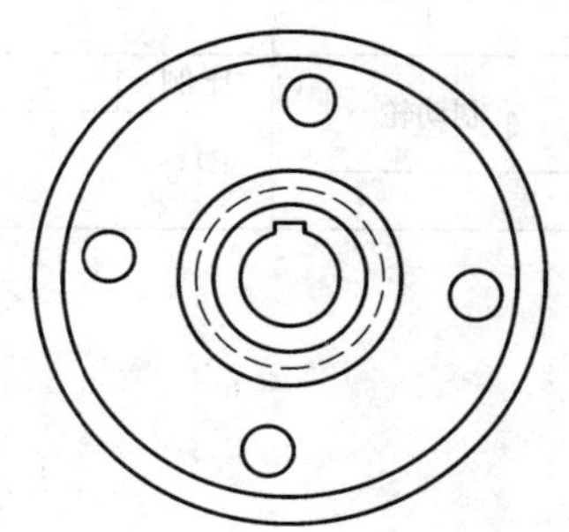
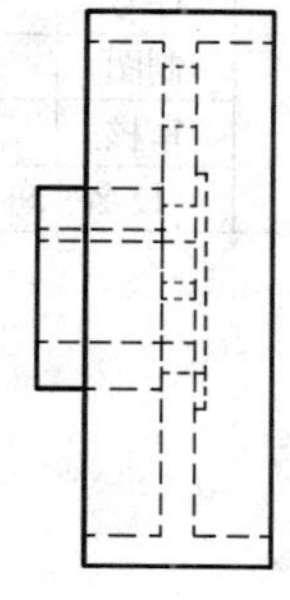

图 2–2–4　制动轮草图

画出制动轮的装配简图：

序号					
制图		制动轮		比例	
审核				图号	
校名、班号					

三、准备密封圈更换大修工具

1．引导问题

（1）简述百分表的使用方法及注意事项。

（2）百分表大指针转一格，偏差为多少毫米？百分表小指针转一格，偏差为多少毫米？如何使用百分表测量曳引机蜗杆轴与电动机的同心度？

2．百分表的使用

百分表是将测微螺杆行程通过一个齿轮传动装置传递到指针上的长度测量仪。测微螺杆纵向移动 1 mm，指针转动 360°。百分表有一个刻度盘，可以转动刻度盘使其零刻度位于当前指针位置之下。刻度盘分为 100 个分度，因此，指针从一条刻度线到另一条刻度线的行程相当于测微螺杆移动________。

除了大刻度盘外还有一个小刻度盘，在小刻度盘上指示大指针转动的圈数，即毫米数。每次测量时百分表都需要一个夹持装置：进行外部测量时将百分表夹在测量支架中；进行内部测量时使用一个装有百分表的自对中内部测量仪。

百分表的结构和使用方法见表 2–2–2。

表 2–2–2　　　　百分表的结构和使用方法

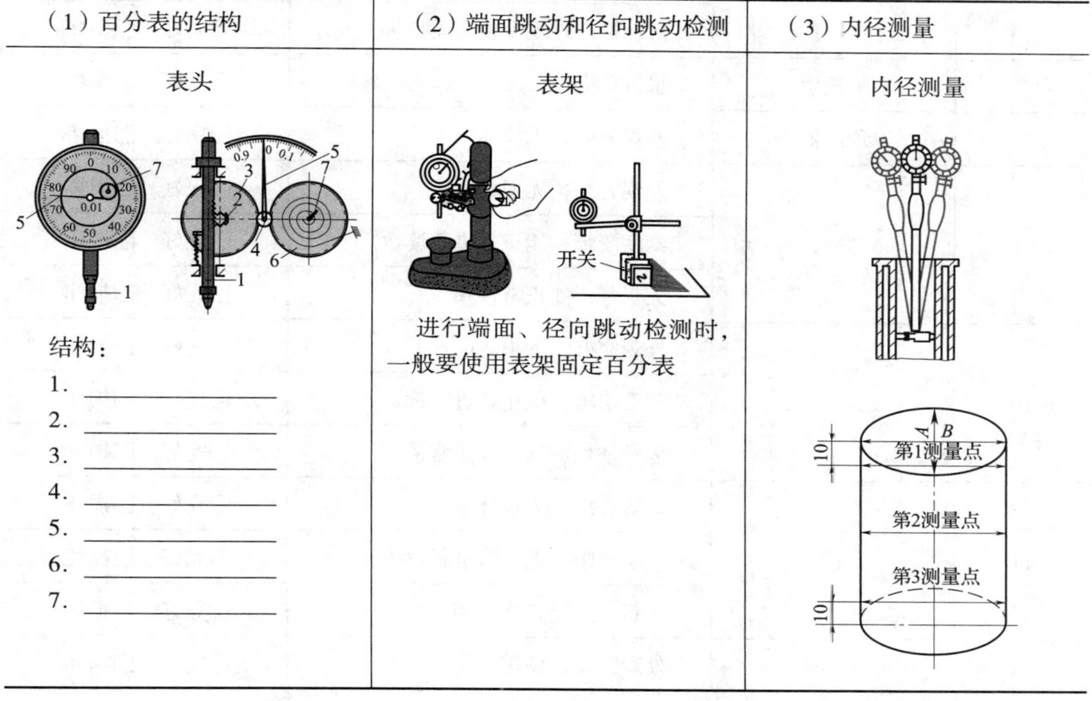

（1）百分表的结构	（2）端面跳动和径向跳动检测	（3）内径测量
表头 结构： 1. ________ 2. ________ 3. ________ 4. ________ 5. ________ 6. ________ 7. ________	表架 进行端面、径向跳动检测时，一般要使用表架固定百分表	内径测量

3．工具的准备与检查

领取工具后，要立即对所领取的工具进行检查，发现损坏的工具要及时更换，以保证电梯曳引机漏油故障排除工作的正常开展。填写工具检查表，见表 2–2–3。

表 2–2–3 工具检查表

序号	工具名称	检查标准	检查结果
1	安全帽	外观完整，无损坏	□完好 □损坏
		后箍完整，使用正常	□完好 □损坏
		下延带完好，使用正常	□完好 □损坏
2	工作服	拉链完整，使用正常	□完好 □损坏
		扣子完整，使用正常	□完好 □损坏
3	安全鞋	外观完整，使用正常	□完好 □损坏
4	对讲机	外观完整，使用正常	□完好 □损坏
5	旋具	外观完整，无损坏	□完好 □损坏
		头部没有损坏，能正常拧螺栓	□完好 □损坏
6	活动扳手	固定扳口完整，无损坏	□完好 □损坏
		调节杆无锈斑，运动灵活	□完好 □损坏
		活动扳口外观完整，无损坏	□完好 □损坏
7	呆扳手	呆扳口完整，无锈蚀，无损坏	□完好 □损坏
8	顶门器	外观完好，无损坏	□完好 □损坏
9	塞尺	外观完好，无损坏	□完好 □损坏
		刻度清晰，能正常进行读数	□完好 □损坏
		无折弯，能正常使用	□完好 □损坏
10	百分表	外观完好，无损坏	□完好 □损坏
		刻度清晰，能正常进行读数	□完好 □损坏
		表针动作灵活，能正常使用	□完好 □损坏
11	直尺	外观完好，无损坏	□完好 □损坏
		刻度清晰，能正常进行读数	□完好 □损坏
		无折弯，能正常使用	□完好 □损坏
12	黄铜棒	外观完整，使用正常	□完好 □损坏

四、安全检查

检查出的问题要及时整理汇总，并反馈给有关部门、班组或个人，督促其按要求整改，并填写安全检查表（见表 2–2–4）。

表 2–2–4　　安全检查表

施工人员		施工组长		日期
检查项目			检查结果	
健康	1．身体状况是否良好？有没有感到疲劳？		□是　□否	
保护工具	2．是否穿工作服？		□是　□否	
	3．是否戴安全帽？戴帽方式是否正确？		□是　□否	
	4．是否正确穿着安全鞋？		□是　□否	
	5．根据作业需要，是否使用保护工具？		□是　□否	
安全对策	6．是否粘贴安全操作标志？		□是　□否	
	7．是否放置顶层、底层安全防护栏？		□是　□否	
环境	8．是否清洁机房？		□是　□否	
	9．井道照明是否充足？		□是　□否	
	10．零部件、工具是否堆放整齐？		□是　□否	
工具	11．移动照明灯是否完好？		□是　□否	
	12．量具是否已检测？		□是　□否	
	13．起重葫芦是否良好？		□是　□否	
安全作业	14．共同作业时联络信号是否确实可靠？		□是　□否	
	15．作业位置与姿势是否正确？		□是　□否	
	16．灭火器是否放在指定位置？		□是　□否	

五、确定工作流程并制订工作计划

1．确定工作流程

电梯曳引机漏油故障检修的内容及流程包括：检查现场、检查安全警示牌设置、检查施工条件、准备工具及物料、检查机械结构部件、起吊机械设备、拆卸制动器、拆卸电动机、拆卸密封圈、安装密封圈、安装电动机、安装制动器等，按正确的顺序将其填写在图 2–2–5 中，并将内容填写完整。组员之间相互借鉴、组合、优化，通过讨论制订出一个可行的工作流程。

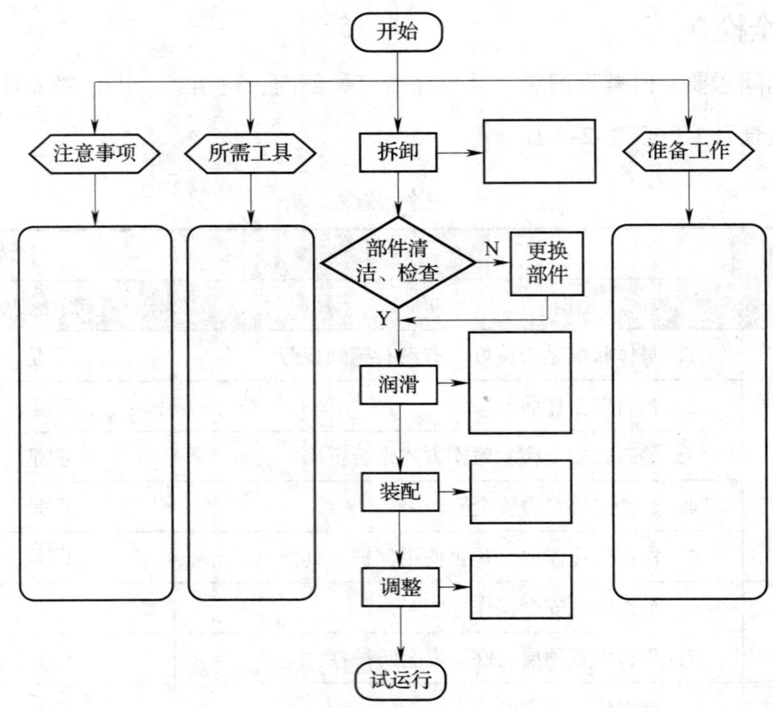

图 2-2-5 电梯曳引机漏油故障大修工作流程图

2．制订工作计划

根据电梯曳引机漏油故障检修要求，制订电梯曳引机漏油故障检修计划，填入表 2-2-5 中。

表 2-2-5　　电梯曳引机漏油故障检修计划表

电梯型号	
所需的工具和物料	
故障现象及可能原因	1.
	2.
	3.
	4.
	5.
	6.
	7.

续表

故障检修流程：

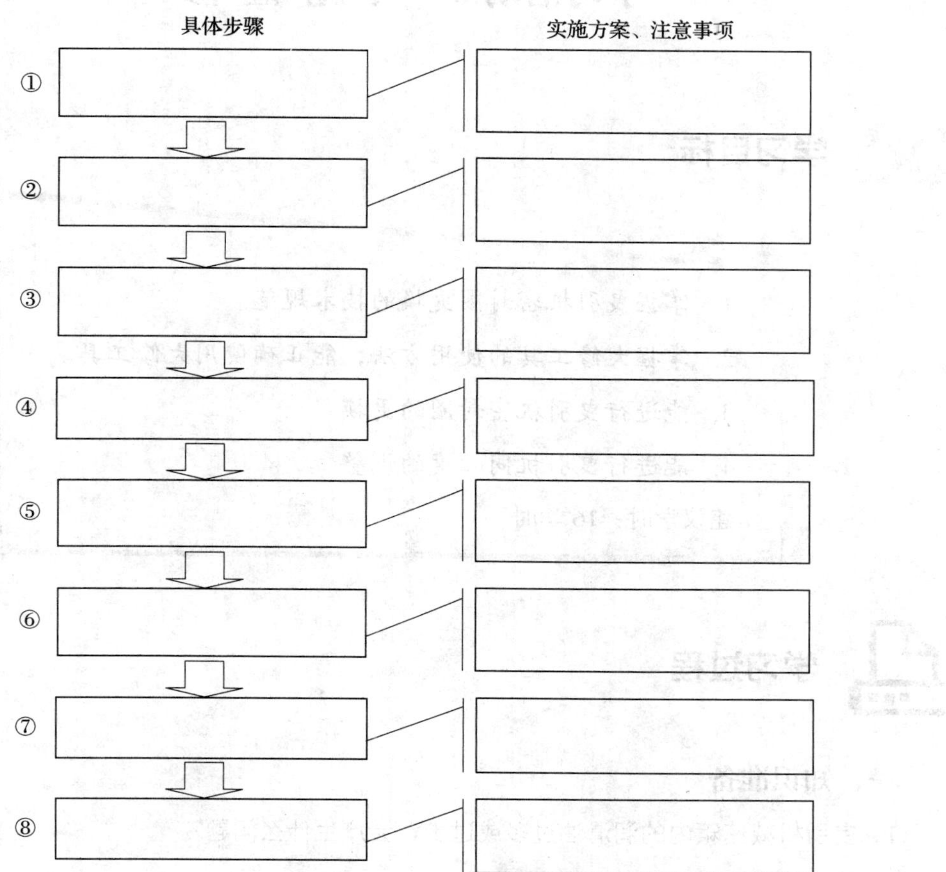

人员分工：

序号	工作内容	负责人	计划完成时间	质量检验人
1				
2				
3				
4				
5				
6				
7				
8				
9				
10				

学习活动3 实 施 检 修

学习目标

1. 掌握曳引机密封圈更换的技术规范。
2. 掌握大修工具的使用方法，能正确使用大修工具。
3. 能进行曳引机密封圈的更换。
4. 能进行曳引机同心度的调整。

建议学时：16 学时

学习过程

一、知识准备

1．曳引机减速箱内的润滑油过多或过少，会产生什么问题?

2．曳引机减速箱内金属粉末较多，试分析其原因。

二、更换曳引机密封圈

1. 密封圈更换前的准备工作

完成曳引机密封圈更换前的准备工作，并填写表 2-3-1 中的内容。

表 2-3-1　曳引机密封圈更换前的准备工作

过程图片及步骤描述	实施记录及操作要点
（1）电梯停至顶层平层 	将电梯停至顶层平层 （是□　否□） 确认轿厢内无人 （是□　否□）
（2）放置安全防护栏 	在顶层和底层分别放置安全防护栏 是否放置安全防护栏 （是□　否□）
（3）安放吊带（起吊钢丝绳） 	是否将吊带（起吊钢丝绳）放至井道 （是□　否□） 吊带（起吊钢丝绳）的防护 （正确□　错误□）
（4）安放起重葫芦 	起重葫芦的安装 （正确□　错误□） 电梯位置 （合适□　不合适□）

续表

过程图片及步骤描述	实施记录及操作要点
（5）切断电梯主电源开关	是否切断电梯主电源开关 （是□　　否□） 是否锁住电梯主电源 （是□　　否□）
（6）拆除底坑对重护网	是否将底坑急停开关打到停止位置 （是□　　否□） 是否打开井道照明 （是□　　否□） 底层厅门是否保持 80 ~ 100 mm 的距离并锁紧 （是□　　否□） 是否拆除对重护网 （是□　　否□）
（7）安装对重支撑杆 对重导轨 导靴 缓冲座 缓冲器 底坑地面 对重支撑杆	对重支撑杆（钢水管）安装是否平稳、可靠 （是□　　否□） 是否使用对讲机配合作业，并大声复述 （是□　　否□）
（8）顶起对重	是否两人配合操作 （是□　　否□）

续表

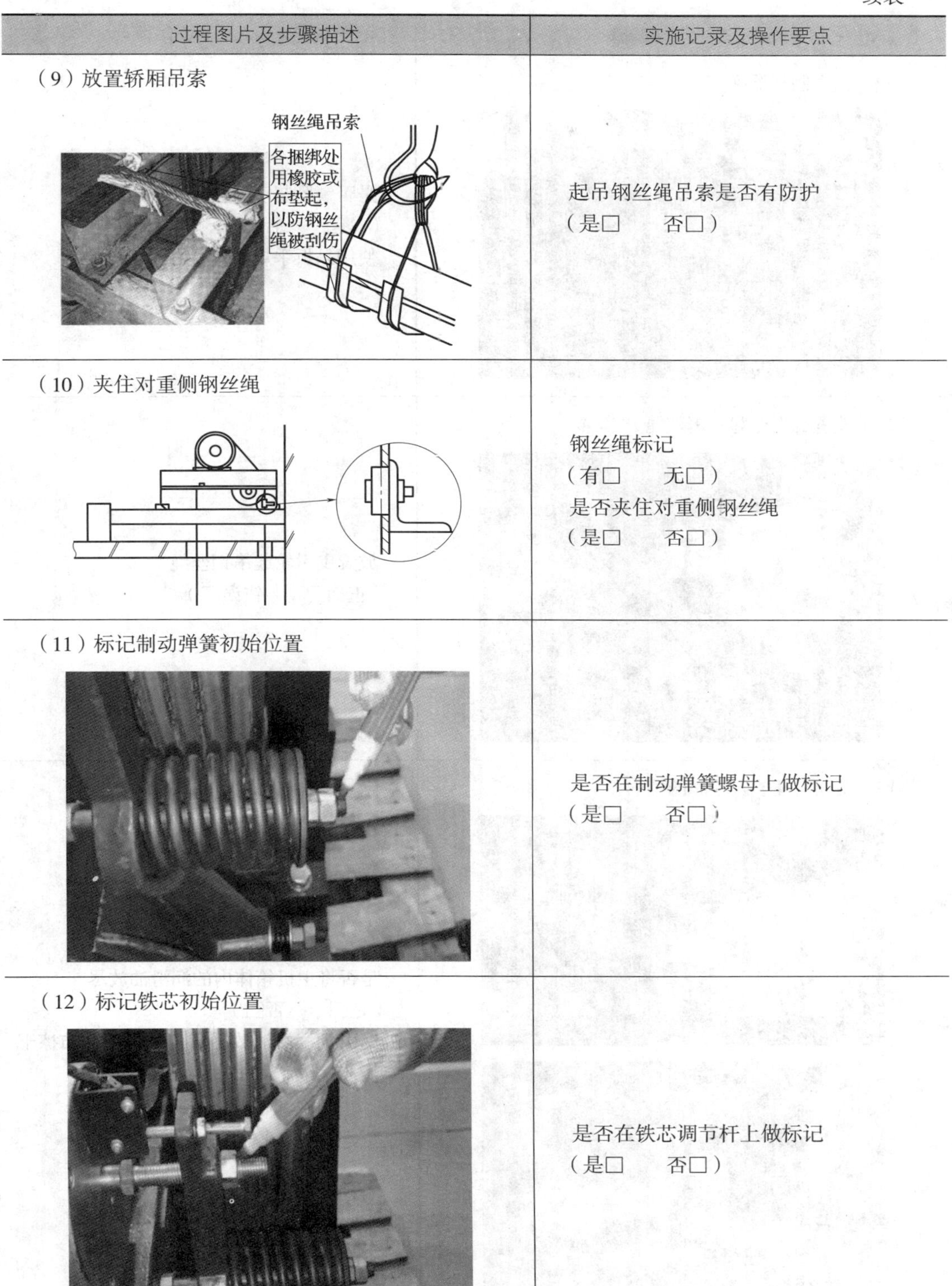

过程图片及步骤描述	实施记录及操作要点
（9）放置轿厢吊索	起吊钢丝绳吊索是否有防护 （是□　　否□）
（10）夹住对重侧钢丝绳	钢丝绳标记 （有□　　无□） 是否夹住对重侧钢丝绳 （是□　　否□）
（11）标记制动弹簧初始位置	是否在制动弹簧螺母上做标记 （是□　　否□）
（12）标记铁芯初始位置	是否在铁芯调节杆上做标记 （是□　　否□）

续表

过程图片及步骤描述	实施记录及操作要点
（13）锁紧制动器弹簧 	是否锁紧制动器弹簧 （是□　　否□） 使用呆扳手规格：＿＿＿＿＿
（14）放置曳引轮起吊钢丝绳 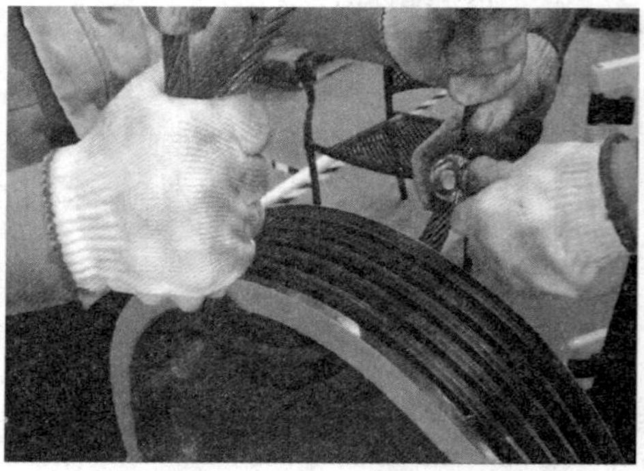	放置曳引轮起吊钢丝绳 （正确□　　错误□）
（15）将润滑油放入干净的桶内 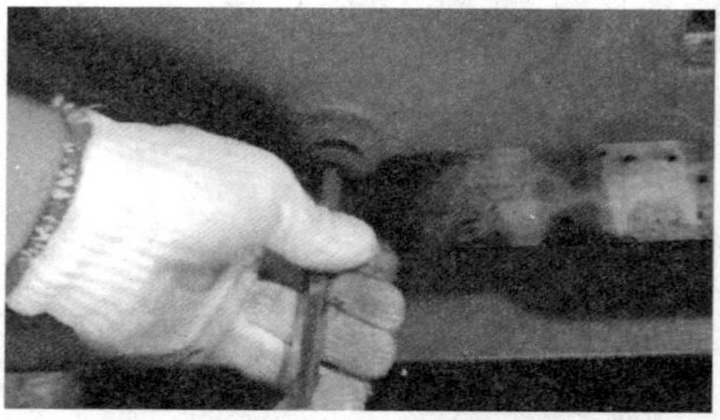 	是否将主机箱体内的润滑油放尽 （是□　　否□） 曳引机润滑油放尽后，是否用抹布擦干净曳引机放油口周围的油液 （是□　　否□）

续表

过程图片及步骤描述	实施记录及操作要点
（16）标记电动机 / 制动轮安装螺栓 	是否拆下电动机、编码器接线及制动器接线 （是□　　否□） 是否标记电动机安装螺栓 （是□　　否□） 是否标记制动轮安装螺栓 （是□　　否□）

2．密封圈的更换

完成曳引机密封圈的更换，并填写表 2–3–2 中的内容。

表 2–3–2　　　　　　　　曳引机密封圈更换实施记录表

过程图片及步骤描述	实施记录及操作要点
一、拆卸	
1．拆卸制动器 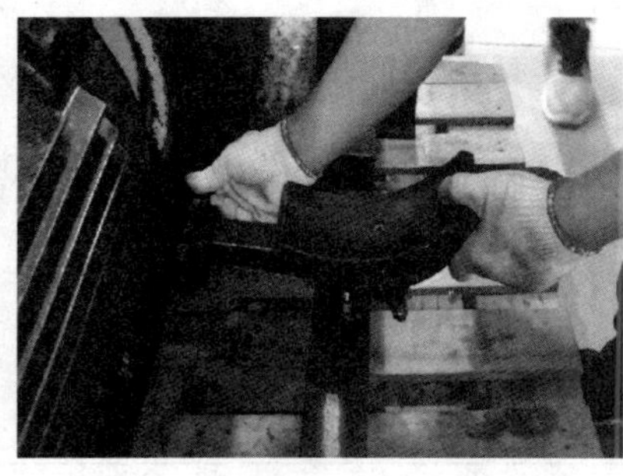	是否拆卸制动弹簧 （是□　　否□） 是否拆卸制动臂 （是□　　否□） 是否拆卸制动铁芯 （是□　　否□）
2．吊起电动机 	起重葫芦链条保持一定的张紧度，不可过度张紧，导致电动机轴损伤变形 （正确□　　错误□）

续表

过程图片及步骤描述	实施记录及操作要点
3. 起吊曳引轮 	是否做好起吊钢丝绳防护，防止起吊钢丝绳损伤 （是□ 否□） 曳引轮起吊 （正确□ 错误□）
4. 拆卸电动机 	从电动机架中取出电动机，放置在木方上，对电动机进行防护 （可靠□ 不可靠□）
5. 拆卸制动轮 	是否拆卸制动轮 （是□ 否□） 制动轮表面防护 （可靠□ 不可靠□）
6. 拆除蜗杆轴键销 	是否拆除蜗杆轴键销 （是□ 否□）

续表

<table>
<tr><th>过程图片及步骤描述</th><th>实施记录及操作要点</th></tr>
<tr><td>7．拆除蜗杆轴前端盖
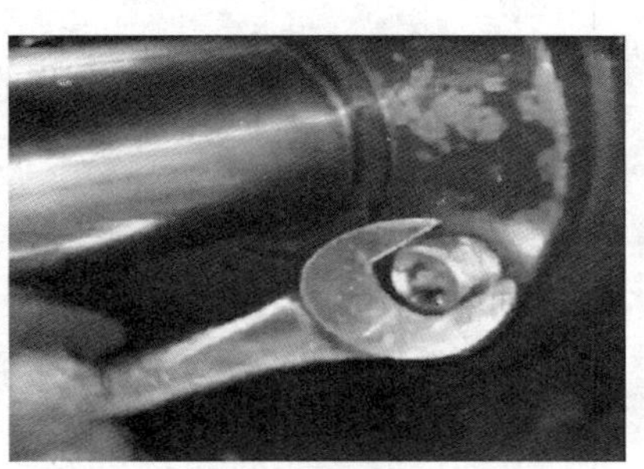</td><td>是否拆除蜗杆轴前端盖
（是□　否□）</td></tr>
<tr><td>8．更换密封圈
</td><td>是否更换密封圈
（是□　否□）</td></tr>
<tr><td colspan="2">二、检查与清洁</td></tr>
<tr><td>1．清洁蜗杆轴键销
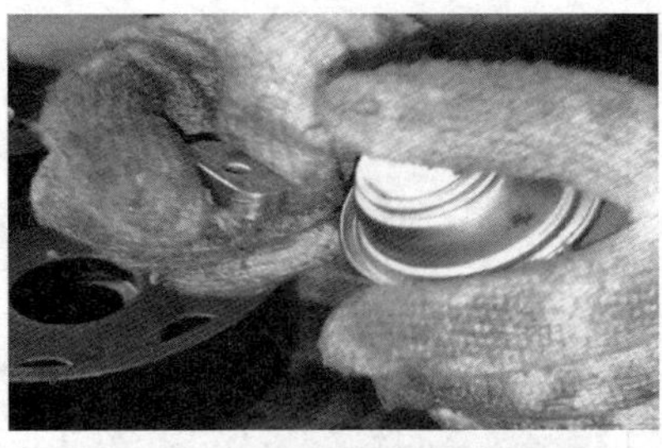
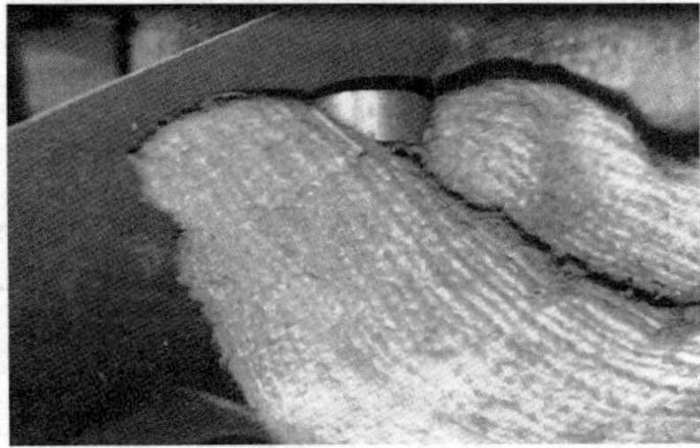</td><td>平键是否有毛刺或损伤
（是□　否□）
是否用清洁剂清洗平键
（是□　否□）
是否用细砂纸打磨平键表面的毛刺
（是□　否□）</td></tr>
</table>

续表

过程图片及步骤描述	实施记录及操作要点
2．检查与清洁制动轮 	检查制动轮表面，是否有划伤的痕迹或者凹槽 划伤（有□ 无□） 锈蚀（有□ 无□） 凹槽（有□ 无□） 制动轮是否清洁 （是□ 否□）
三、安装、调整与测量	
1．安装蜗杆平键 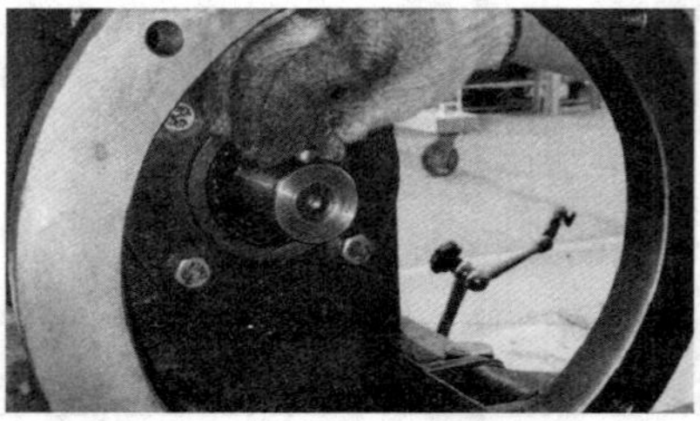	蜗杆平键的安装 （正确□ 错误□） 平键的检查 （正确□ 错误□）
2．安装制动轮 	制动轮的安装 （正确□ 错误□）

续表

过程图片及步骤描述	实施记录及操作要点
3．安装电动机  	电动机的起吊 （正确□　错误□） 电动机轴与蜗杆轴是否保持在同一平面内 （是□　否□） 电动机的安装 （正确□　错误□）
4．测量同心度 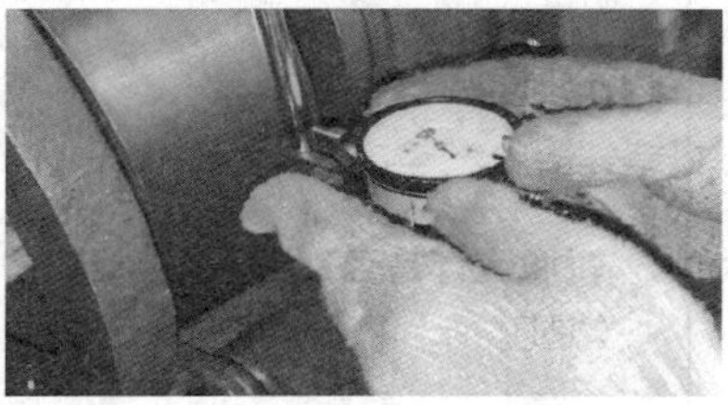	是否测量电动机轴与蜗杆轴的同心度 （是□　否□）
5．注入润滑油 	将曳引机润滑油注入箱体后，是否用抹布擦干净曳引机注油口周围的油液 （是□　否□）
6．安装、调整制动器  把制动臂装上	制动器的安装与调整 （正确□　错误□）

续表

<table>
<tr><th>过程图片及步骤描述</th><th>实施记录及操作要点</th></tr>
<tr><td colspan="2">四、复位与运行</td></tr>
<tr><td>1. 复位安全钳 / 拆卸起重葫芦 </td><td>安全钳是否复位
（是□　否□）
限速器是否复位
（是□　否□）
是否拆卸起重葫芦
（是□　否□）</td></tr>
<tr><td>2. 检修轿顶 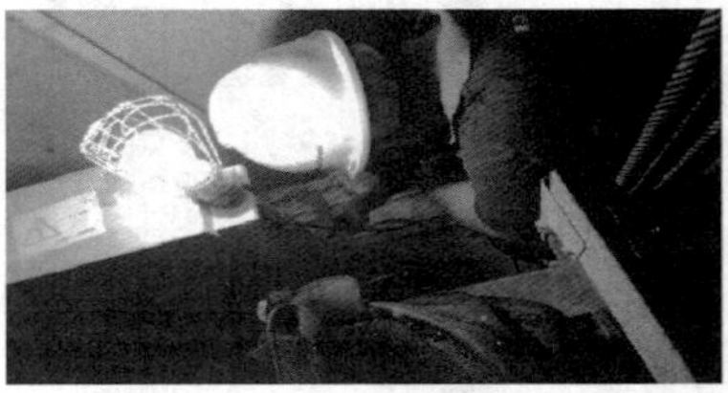</td><td>轿顶的检查
（正确□　错误□）
轿厢中间层运行检查
（正确□　错误□）
是否恢复电梯运行
（是□　否□）</td></tr>
<tr><td>3. 运行轿厢 </td><td>轿厢运行是否正常
（是□　否□）</td></tr>
<tr><td>4. 归还大修工具和物料 </td><td>是否按企业 6S 管理规范清洁现场，归还大修工具和物料
（是□　否□）</td></tr>
</table>

三、曳引机密封圈更换实施记录表

实施记录表是对修理过程的记录，以保证修理任务按工序正确执行，对修理的质量进行判断。曳引机密封圈更换实施记录见表 2–3–3。

表 2–3–3　　曳引机密封圈更换实施记录表

<table>
<tr><th colspan="3">曳引机密封圈更换</th><th>检查人 / 日期</th><th colspan="2"></th></tr>
<tr><th>步骤</th><th>序号</th><th>检查项目</th><th>技术标准</th><th>完成情况</th><th>分值</th></tr>
<tr><td rowspan="5">准备工作</td><td>1</td><td>将电梯停至顶层，切断电梯主电源</td><td>合格□　不合格□</td><td rowspan="5">是□
否□</td><td>★</td></tr>
<tr><td>2</td><td>将电梯轿厢用起重葫芦吊起，使用撑木将对重撑起，提拉安全钳拉杆使安全钳钳块动作，然后稍微松一下起重葫芦，使轿厢重量主要由安全钳承受</td><td>合格□　不合格□</td><td>★</td></tr>
<tr><td>3</td><td>起吊轿厢时要注意安全，必须保护好称量装置</td><td>合格□　不合格□</td><td>★</td></tr>
<tr><td>4</td><td>当曳引钢丝绳松掉后，将钢丝绳卸下，并做好排列顺序标记</td><td>合格□　不合格□</td><td>6</td></tr>
<tr><td>5</td><td>将曳引机减速箱润滑油放入干净的桶内，拆下电动机、编码器接线及制动器接线</td><td>合格□　不合格□</td><td>★</td></tr>
<tr><td rowspan="7">拆卸</td><td>6</td><td>记下制动器两边弹簧的长度，收紧一边的制动弹簧。缓慢放松制动弹簧，检查联轴器是否转动，确认联轴器停止转动后，松开另一侧的弹簧，松开制动器</td><td>合格□　不合格□</td><td rowspan="7">是□
否□</td><td>6</td></tr>
<tr><td>7</td><td>在电动机上绑好钢丝绳，并连接好起重葫芦，使钢丝绳处于松弛状态</td><td>合格□　不合格□</td><td>★</td></tr>
<tr><td>8</td><td>用套筒扳手松开联轴器的固定螺栓</td><td>合格□　不合格□</td><td>6</td></tr>
<tr><td>9</td><td>从电动机架中取出电动机</td><td>合格□　不合格□</td><td>6</td></tr>
<tr><td>10</td><td>拆下并取出联轴器</td><td>合格□　不合格□</td><td>6</td></tr>
<tr><td>11</td><td>拆除蜗杆轴键销，用砂纸轻微打磨键销上的毛刺</td><td>合格□　不合格□</td><td>6</td></tr>
<tr><td>12</td><td>拆除蜗杆轴前端盖，取出前端盖</td><td>合格□　不合格□</td><td>6</td></tr>
<tr><td>更换</td><td>13</td><td>更换油封时应用铁板点在密封圈上，用木锤均匀地敲击密封圈四周，直至密封圈和端盖完全嵌合</td><td>合格□　不合格□</td><td>是□
否□</td><td>6</td></tr>
</table>

续表

步骤	序号	检查项目	技术标准	完成情况	分值
装配调整	14	用0号砂纸在蜗杆和密封圈接触部位轻轻打磨，将端盖安装回原来位置	合格□ 不合格□	是□ 否□	6
	15	压紧前端盖压盖，装好蜗杆轴键销	合格□ 不合格□		6
	16	将联轴器安装到蜗杆上，拧紧后端盖安装螺栓，对准后推入联轴器，接触面上绝对不能有油污或细小的杂物	合格□ 不合格□		6
	17	将电动机安装回电动机架。在联轴器中插入连接螺栓，拧紧电动机与电动机架之间的固定螺栓，最后拧紧联轴器螺栓	合格□ 不合格□		6
	18	在安装过程中要注意弹簧垫圈、平垫圈的安装位置，注意螺栓的安装方向，使用正确的连接螺栓	合格□ 不合格□		★
运行	19	复位钢丝绳	合格□ 不合格□	是□ 否□	★
	20	将润滑油倒回曳引机，用棉纱清除溅出的润滑油	合格□ 不合格□		6
	21	接通电梯电源，慢车下行，检查制动器是否异常，取出对重支撑木	合格□ 不合格□		★
	22	使电梯在中间层运行，检查电动机及减速箱蜗轮蜗杆的运行情况	合格□ 不合格□		6

评分依据：带★号项目为重要项目，一项不合格，则检验结论为不合格。其他项目为一般项目，总扣分若不超过20分（包括20分），检验结论为合格；超过20分则为不合格。

学习活动4　检验与验收

学习目标

1. 掌握工作验收表中的验收步骤与验收内容。
2. 能进行曳引机密封圈更换后的检查。
3. 能进行自检与互检。

建议学时：2学时

学习过程

一、工作验收表

维修工作结束后，电梯安装维修工应确认是否所有部件和功能都正常。维修站应会同客户对电梯进行检查，确认所委托的电梯修理工作已全部完成，并达到客户的修理要求。曳引机漏油故障维修工作验收表见表2-4-1。

表2-4-1　曳引机漏油故障维修工作验收表

1. 工作验收

<table>
<tr><th>验收步骤</th><th colspan="2">验收内容</th></tr>
<tr><td>（1）是否按工作计划进行了所有工作？</td><td colspan="2">（1）把工作计划中的所有项目检查一遍，确认所有项目都已经圆满完成，或者给出了应有的解释</td></tr>
<tr><td rowspan="6">（2）哪些工作项目必须以现场检查方式进行检查？</td><td colspan="2">（2）检查以下工作项目</td></tr>
<tr><td>现场检查</td><td>结果</td></tr>
<tr><td>减速箱内润滑油金属粉的含量</td><td></td></tr>
<tr><td>密封圈安装位置是否正确</td><td></td></tr>
<tr><td>减速箱前端盖是否渗漏油</td><td></td></tr>
<tr><td>减速箱前端盖漏油是否在标准规定范围内</td><td></td></tr>
</table>

续表

验收步骤	验收内容
（3）是否遵守规定的维修工时？	（3）曳引机漏油故障维修规定时间是 1 h （合格□　　不合格□）
（4）曳引机是否干净、整洁？	（4）检查曳引机是否干净、整洁，各种保护罩是否已经装好（合格□　　不合格□）
（5）哪些信息必须转告客户？	（5）指出需要更换润滑油或下次维修保养时必须排除的其他已经确认的故障
（6）对质量改进的贡献？	（6）考虑维修和工作计划准备，维修工具、检测工具、工作油液和辅助材料的供应情况，时间安排是否已经达到最佳程度 提出改善建议并在下次修理时予以考虑
2．记录	
（1）是否记录了配件和材料的需求量？ （2）是否记录了工作开始和结束时间？	
3．大修后的咨询谈话	
客户接收电梯时期望对下述内容做出解释： （1）检查表 （2）已经完成的工作项目 （3）结算单 （4）移交维修记录本	在维修后谈话时向客户转告以下信息： （1）发现异常情况，如轴承的磨损、漏油、油漆剥落等 （2）电梯日常使用中应注意之处 （3）电梯使用多长时间后需要更换减速箱润滑油或密封圈
4．对解释说明的反思	
（1）是否达到了预期目标？ （2）可视化方式是否正确？ （3）与相关人员的沟通效率是否较高？ （4）组织工作是否良好？	

二、曳引机密封圈更换后的检查

大修完成后，对电梯曳引机密封圈更换情况进行检查，填写表 2–4–2，并与物业管理人员（甲方）签字确认。

表 2–4–2　　电梯曳引机密封圈更换后的检查记录表

<table>
<tr><td colspan="2">用户单位</td><td colspan="2"></td><td>用户地址</td><td></td></tr>
<tr><td colspan="2">测量工具型号</td><td colspan="2"></td><td>测量单位</td><td></td></tr>
<tr><td rowspan="4">曳引机渗漏油</td><td>测试次数</td><td>10 min</td><td>20 min</td><td>30 min</td><td>1 h</td></tr>
<tr><td>1</td><td></td><td></td><td></td><td></td></tr>
<tr><td>2</td><td></td><td></td><td></td><td></td></tr>
<tr><td>3</td><td></td><td></td><td></td><td></td></tr>
<tr><td rowspan="4">同心度</td><td>测试次数</td><td>上</td><td>下</td><td>左</td><td>右</td></tr>
<tr><td>1</td><td></td><td></td><td></td><td></td></tr>
<tr><td>2</td><td></td><td></td><td></td><td></td></tr>
<tr><td>3</td><td></td><td></td><td></td><td></td></tr>
<tr><td colspan="2">检验人员</td><td colspan="2"></td><td>检验日期</td><td></td></tr>
<tr><td colspan="3">项目施工负责人签字：

年　月　日</td><td colspan="3">物业负责人签字：

年　月　日</td></tr>
</table>

三、自检与互检

曳引机密封圈更换的自检、互检记录见表 2–4–3。

表 2–4–3　　曳引机密封圈更换的自检、互检记录表

自检、互检记录	备注
各小组学生按技术要求检测设备并记录 检测问题记录：	自检
各小组分别派代表按技术要求检测其他小组设备并记录 检测问题记录：	互检
教师检测问题记录：	教师检验

学习活动5 工作总结与评价

学习目标

1. 能按分组情况，派代表展示工作成果，说明本次任务的完成情况，并做分析总结。

2. 能结合任务完成情况，正确规范地撰写工作总结。

3. 能就本次任务中出现的问题提出改进措施。

4. 能对学习与工作进行反思，并能与他人开展良好合作，进行有效沟通。

建议学时：2学时

学习过程

一、个人、小组评价

以小组为单位，选择演示文稿、展板、海报、视频等形式中的一种或几种，向全班展示、汇报工作成果。在展示的过程中，以小组为单位进行评价；评价完成后，根据其他小组对本组展示成果的评价意见进行归纳总结。

汇报任务实施过程：

其他小组成员的评价意见：

二、教师评价

认真听取教师对本小组展示成果优缺点以及在完成任务过程中出现的亮点和不足的评价意见，并做好记录。

1．教师对本小组展示成果优点的点评。

2．教师对本小组展示成果缺点及改进方法的点评。

3．教师对本小组在整个任务完成过程中出现的亮点和不足的点评。

三、工作过程回顾及总结

1．在团队学习过程中，项目负责人给你分配了哪些工作任务？你是如何完成的？还有哪些需要改进的地方？

2．总结完成电梯曳引机漏油故障排除任务过程中遇到的问题和困难，列举 2 ~ 3 点你认为比较值得与其他同学分享的工作经验。

3．回顾本学习任务的工作过程，对新学专业知识和技能进行归纳和整理，撰写工作总结。

评价与分析

按照客观、公正和公平的原则，在教师的指导下按自我评价、小组评价和教师评价三种方式对自己或他人在本学习任务中的表现进行综合评价。综合等级按 A（90 ~ 100）、B（75 ~ 89）、C（60 ~ 74）、D（0 ~ 59）四个级别进行填写，见表 2–5–1。

表 2–5–1　学习任务综合评价表

<table>
<tr><th rowspan="2">考核项目</th><th rowspan="2">评价内容</th><th rowspan="2">配分（分）</th><th colspan="3">评价分数</th></tr>
<tr><th>自我评价</th><th>小组评价</th><th>教师评价</th></tr>
<tr><td rowspan="6">职业素养</td><td>劳动保护用品穿戴完备，仪容仪表符合工作要求</td><td>5</td><td></td><td></td><td></td></tr>
<tr><td>安全意识、责任意识、服从意识强</td><td>6</td><td></td><td></td><td></td></tr>
<tr><td>积极参加教学活动，按时完成各项学习任务</td><td>6</td><td></td><td></td><td></td></tr>
<tr><td>团队合作意识强，善于与人交流和沟通</td><td>6</td><td></td><td></td><td></td></tr>
<tr><td>自觉遵守劳动纪律，尊敬师长，团结同学</td><td>6</td><td></td><td></td><td></td></tr>
<tr><td>爱护公物，节约材料，管理现场符合 6S 标准</td><td>6</td><td></td><td></td><td></td></tr>
<tr><td rowspan="3">专业能力</td><td>专业知识扎实，有较强的自学能力</td><td>10</td><td></td><td></td><td></td></tr>
<tr><td>操作积极，训练刻苦，具有一定的动手能力</td><td>15</td><td></td><td></td><td></td></tr>
<tr><td>技能操作规范，注重检修工艺，工作效率高</td><td>10</td><td></td><td></td><td></td></tr>
<tr><td rowspan="2">工作成果</td><td>维修过程符合工艺规范</td><td>20</td><td></td><td></td><td></td></tr>
<tr><td>工作总结符合要求</td><td>10</td><td></td><td></td><td></td></tr>
<tr><td colspan="2">总　分</td><td>100</td><td></td><td></td><td></td></tr>
<tr><td rowspan="2">总评</td><td rowspan="2">自我评价 ×20%+ 小组评价 ×20%+ 教师评价 ×60%=</td><td>综合等级</td><td colspan="3" rowspan="2">教师（签名）：</td></tr>
<tr><td></td></tr>
</table>

学习任务三　电梯轿厢上下跳动故障排除

学习目标

1. 能搜集电梯维修的相关资料。
2. 熟悉曳引轮的基本结构和工作原理。
3. 能阅读电梯大修任务书。
4. 能合理制订维修计划和方案。
5. 能正确检查、使用大修工具和仪器。
6. 能完成曳引轮的更换。
7. 能完成制动器的检验。
8. 能完成电梯轿厢上下跳动故障排除的工作总结与评价。

24 学时

工作情境描述

现有日立 B89 型电梯，32 层 /30 站，额定速度为 2.5 m/s，载重量为 1 000 kg。做季度、年度检验时，发现在轿厢内乘坐电梯有上下跳动现象，需进行大修。电梯安装维修工从项目主管处领取电梯轿厢上下跳动大修任务书，要求在 3 个工作日内完成电梯曳引轮的大修，使电梯恢复正常使用性能，并交付验收。

工作流程与活动

学习活动 1　明确工作任务（2 学时）

学习活动 2　制订工作计划（2 学时）

学习活动 3　实施检修（16 学时）

学习活动 4　检验与验收（2 学时）

学习活动 5　工作总结与评价（2 学时）

学习活动 1　明确工作任务

学习目标

1. 能进行电梯轿厢上下跳动故障分析。
2. 能阅读电梯大修任务书。
3. 能填写电梯大修信息联系表。

建议学时：2 学时

学习过程

一、电梯曳引轮异常磨损故障分析

● 钢丝绳张力不均造成曳引轮的磨损：维护保养时钢丝绳张力与平均值的偏差应不超过 5%，绳头弹簧的高度应保持一致。

● 维修方式不当造成曳引轮的异常磨损：主要是钢丝绳与曳引轮材料不匹配，在更换钢丝绳时，应更换全部钢丝绳，而不是仅仅更换损坏段的钢丝绳。

● 安装方式不当造成曳引轮的异常磨损：曳引轮垂直度超标，导向轮与导向轮、反绳轮不在同一平面内，曳引轮中心线与轿厢中心线不在同一直线上。

（1）填写故障树

分析电梯轿厢上下跳动故障的原因，并填写故障树（见图 3-1-1）。

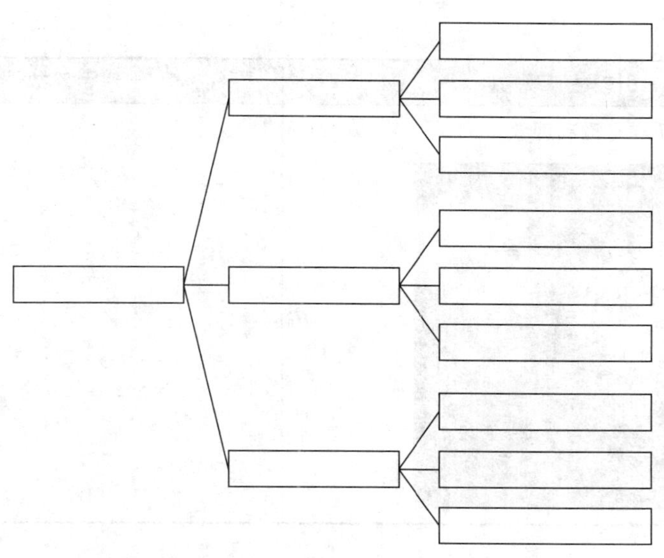

图 3-1-1　电梯轿厢上下跳动故障树

（2）填写曳引轮故障分析表

根据曳引轮故障现象填写故障分析表（见表 3-1-1）。

表 3-1-1　曳引轮故障分析表

曳引轮故障现象	曳引轮故障分析
1．检查时发现钢丝绳磨损并有扭曲现象	
2．检查时发现电梯钢丝绳在曳引轮上有轻微打滑现象 	

续表

曳引轮故障现象	曳引轮故障分析
3．检查时发现轿厢有颤动现象 	

二、阅读电梯大修任务书

电梯维修人员从维修站领取电梯大修任务书，见表 3–1–2，阅读大修项目名称、日期、地点等相关信息。

表 3–1–2　电梯大修任务书

1．电梯的基本情况

类别：曳引系统□　导向系统□　门系统□　控制系统□　日期：　年　月　日

用户名称			
用户地址			
故障现象	电梯进行季度、年度检验时，有轿厢上下跳动现象。在机房检查时，发现曳引轮磨损严重		
申报时间		完工时间	
申报单位		报修人电话	
电梯型号		生产厂家	
控制方式		载重量	
额定速度		层站	

2．大修作业人员

大修人员姓名		证号		有效期	
大修人员姓名		证号		有效期	

续表

3．工作内容

序号	大修项目	大修要求	序号	大修项目	大修要求
1			3		
2			4		

4．验收和移交

验收意见：

验收人		大修负责人		物业负责人	

学习活动 2　制订工作计划

学习目标

1. 熟悉曳引轮的结构和工作原理。
2. 能完成曳引轮的测量。
3. 能准备曳引轮大修工具。
4. 能制订大修工作计划或方案。

建议学时：2 学时

学习过程

一、认识曳引轮的结构与原理

曳引轮的作用是传递动力。它被紧固在蜗轮主轴套筒上，轮缘上有绳槽，随着电动机做正反转，利用钢丝绳与绳槽的摩擦力，带动悬挂在绳槽上的曳引钢丝绳，使轿厢上下运行。

曳引轮是靠钢丝绳与绳槽的静摩擦力来传递动力的，其摩擦力的大小取决于绳槽的形状。曳引轮如图 3–2–1 所示。

常见的槽形有楔形槽、半圆槽和带切口的半圆槽三种，如图 3–2–2 所示。

在三种槽形中，半圆槽的摩擦力最小，楔形槽的摩擦力最大。对于楔形槽，由于钢丝绳在槽中的接触面积很小，钢丝绳与绳槽的磨损很快，影响使用寿命。同时，当槽形磨损，钢丝绳中心下移时摩擦力就会很快下降，因此楔形槽应用较少。

图 3–2–1　曳引轮

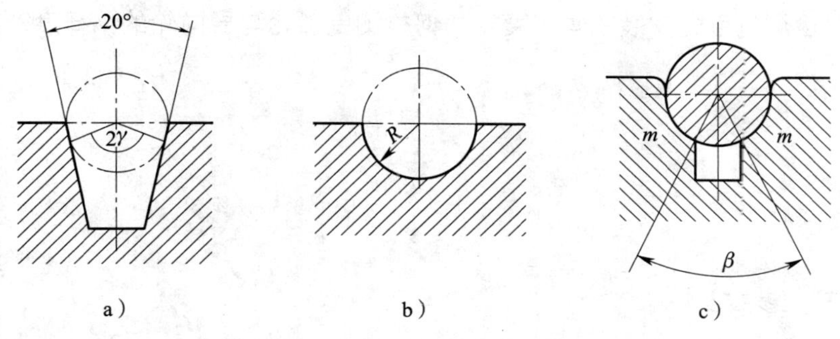

图 3-2-2　曳引轮的槽形

a）楔形槽　b）半圆槽　c）带切口的半圆槽

1. 引导问题

（1）曳引轮的作用是什么？

（2）常见的曳引轮绳槽形状有哪几种？各有什么特点？

（3）更换曳引轮时的技术标准是什么？

（4）如何检测曳引轮安装的垂直度？如何检测曳引轮与导向轮的平行度？判断标准是什么？

2．曳引轮主参数及性能

曳引轮的直径关系到电梯的运行速度和钢丝绳的使用寿命。

（1）直径和运行速度 v 的关系：

$$v=\frac{\pi DN}{60i_1i_2}\ (\mathrm{m/s})$$

式中：D——曳引轮直径（m）；

N——电动机转速（r/min）；

i_1——减速箱减速比；

i_2——曳引比（钢丝绳绕法）。

例题：曳引轮直径为 610 mm，电动机转速为 1 000 r/min，减速箱减速比为 61∶1，曳引比为 1∶1，计算电梯的运行速度 v。

解：

____

____

____

____

（2）直径与钢丝绳使用寿命的关系

实践证明，钢丝绳弯曲的曲率半径对钢丝绳的使用寿命有较大影响。曲率半径过小，会大大缩短曳引钢丝绳的使用寿命，使其很快遭到破坏，其关系式如下：

$$\frac{D}{d_0}\geqslant 40$$

式中：D——曳引轮直径（mm）；

d_0——钢丝绳公称直径（mm）。

曳引轮与钢丝绳公称直径比不小于 40，导向轮与钢丝绳公称直径比不小于 40，限速器与限速器钢丝绳公称直径比不小于 30。

二、测量曳引轮

曳引轮轮槽的均匀磨损不一定会引起垂直方向的振动。如果曳引轮轮槽的磨损是不均匀的（即某一个轮槽或几个轮槽磨损特别严重），钢丝绳在曳引轮上有跳动现象，可更换曳引轮后进行试验，排除垂直方向的振动。

检查曳引轮绳槽的磨损状况。检查要求：观察钢丝绳在曳引轮上是否有跳动现象，同时在 *A*、*B*、*C*、*D* 4 点分别测量曳引轮绳槽的磨损状况（即 *h* 值），测量方法如图 3–2–3 所示。

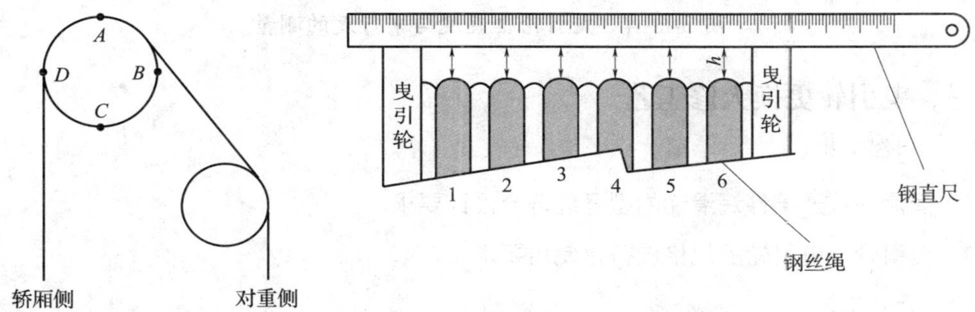

图 3–2–3　曳引轮磨损状况的测量

以实训室内的曳引轮为例进行绳槽磨损状况的测量，将结果填入表 3–2–1 中。

表 3–2–1　曳引轮绳槽磨损状况的测量

钢丝绳	*A* 点测量值	*B* 点测量值	*C* 点测量值	*D* 点测量值
第 1 根				
第 2 根				
第 3 根				
第 4 根				
第 5 根				
第 6 根				

电梯在空载和满载两种工况下，曳引轮的垂直度不应超过 2 mm。一般情况下，曳引轮应向减速箱的方向调整 0.5 mm，当挂上轿厢和对重，或承受额定载重时，曳引轮会向相反的方向偏转。用垫片调整曳引机底盘与曳引机承重梁之间的间隙，使曳引轮的垂直度达到标准要求。

曳引轮垂直度：$X \leqslant 2.0$ mm；曳引轮与导向轮平行度：$Y \leqslant 1$ mm，如图 3–2–4 所示。

图 3-2-4　曳引轮垂直度与平行度的测量

三、曳引轮更换大修工艺

（1）材料要求

1）润滑油：连接件润滑油的型号应符合设计要求。

2）曳引轮：曳引轮的规格应符合使用要求。

（2）大修工艺

将电梯停在高层，确保轿厢内无人，关闭层门、轿门。一人在轿顶、一人在底坑。将一条 2 ~ 3 m 的铁水管（直径为 60 ~ 80 mm，足够厚度）垂直放置在缓冲器旁正下方且要求底面紧固，底坑人员蹲下扶稳。轿顶人员通过对讲机联络底坑人员，确保安全时，向上慢车运行至顶层。机房人员切断主电源，松开抱闸使轿厢向上，对重向下至对重被铁水管顶起。底坑人员出底坑。

1）将轿厢用起重葫芦吊起。

2）将钢丝绳从曳引轮上取下，并按顺序编号。

3）需要时将曳引机机油放掉，将曳引轮或其连接部件从曳引机上拆下，再将曳引轮单独拆下。

4）曳引轮经技术人员判定可以重新加工的，送到电梯制造企业加工，或更换新的曳引轮。

5）安装曳引轮。

6）曳引机安装完成后，添加机油（如果已放掉）。运行正常后，将钢丝绳按编号顺序挂回曳引轮。

7）将安全钳复位，放下轿厢，拆除起重葫芦。

8）慢车试运行，在确保安全的情况下快车运行，并在机房确认曳引机没有异常声响。

四、准备曳引轮更换大修工具

1．引导问题

（1）在使用液压千斤顶前，应做哪些检查工作？

（2）如何选择合适的液压千斤顶？

（3）液压千斤顶使用过程中有哪些安全注意事项？

2．工具的使用

（1）液压千斤顶的使用

液压千斤顶是起重工具，它的构造简单、操作方便、体积小、质量轻、便于修理，适用于工厂、仓库、桥梁、码头、交通运输、建筑工程等部门的起重作业。填写表 3–2–2 所示的液压千斤顶结构认知表。

表 3-2-2　　液压千斤顶结构认知表

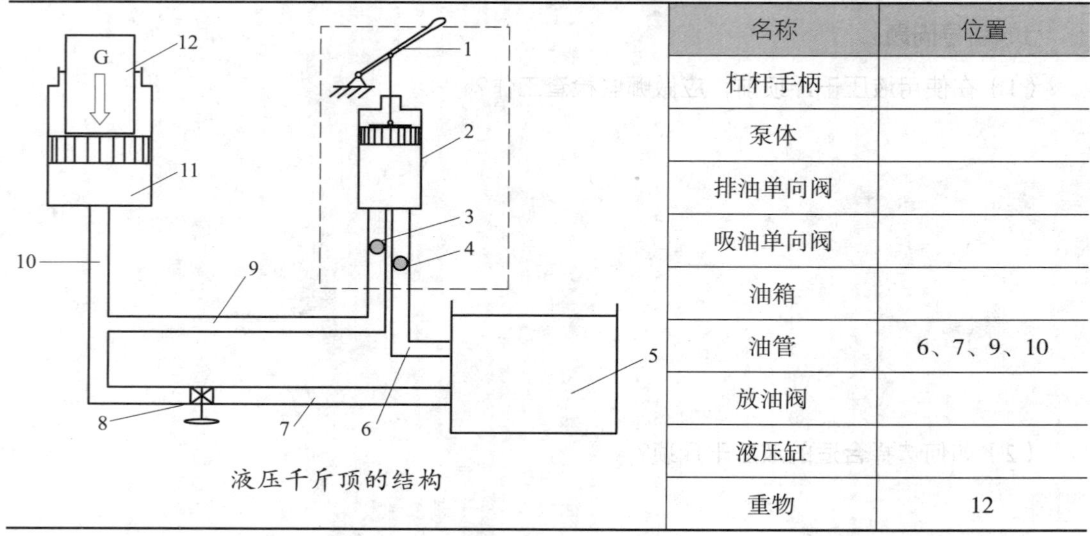

液压千斤顶的结构

名称	位置
杠杆手柄	
泵体	
排油单向阀	
吸油单向阀	
油箱	
油管	6、7、9、10
放油阀	
液压缸	
重物	12

（2）曳引轮专用拆卸工具的使用

各厂家曳引轮安装方式不同，拆卸方式也不相同，需要采用专用工具进行拆卸。填写表 3-2-3 所示曳引轮专用拆卸工具认知表。

表 3-2-3　　曳引轮专用拆卸工具认知表

图片	名称	
	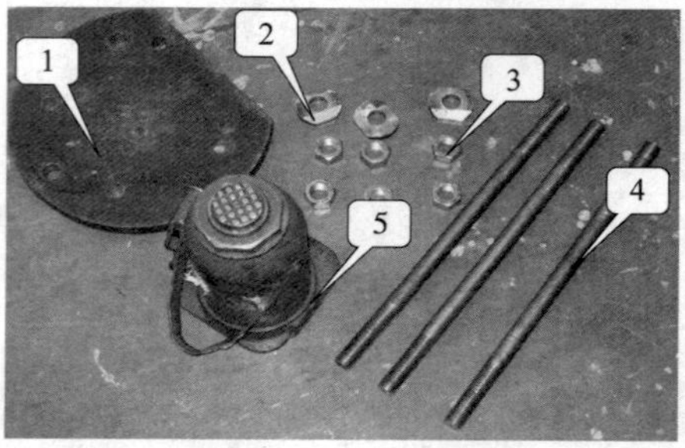 1	
	2	
	3	
	4	
	5	
	1	
	2	
	3	
	4	
	5	

3．工具的准备与检查

领取工具后，要立即对所领取的工具进行检查，发现损坏的工具要及时更换，以保证电梯轿厢上下跳动故障排除工作的正常开展。填写工具检查表，见表 3–2–4。

表 3–2–4　工具检查表

序号	工具名称	检查标准	检查结果
1	安全帽	外观完整，无损坏	□完好　□损坏
		后箍完整，使用正常	□完好　□损坏
		下延带完好，使用正常	□完好　□损坏
2	工作服	拉链完整，使用正常	□完好　□损坏
		扣子完整，使用正常	□完好　□损坏
3	安全鞋	外观完整，使用正常	□完好　□损坏
4	对讲机	外观完整，使用正常	□完好　□损坏
5	旋具	外观完整，无损坏	□完好　□损坏
		头部没有损坏，能正常拧螺栓	□完好　□损坏
6	活动扳手	固定扳口完整，无损坏	□完好　□损坏
		调节杆无锈斑，运动灵活	□完好　□损坏
		活动扳口外观完整，无损坏	□完好　□损坏
7	呆扳手	呆扳口完整，无锈蚀，无损坏	□完好　□损坏
8	顶门器	外观完好，无损坏	□完好　□损坏
9	塞尺	外观完好，无损坏	□完好　□损坏
		刻度清晰，能正常进行读数	□完好　□损坏
		无折弯，能正常使用	□完好　□损坏
10	直尺	外观完好，无损坏	□完好　□损坏
		刻度清晰，能正常进行读数	□完好　□损坏
		无折弯，能正常使用	□完好　□损坏
11	黄铜棒	外观完整，使用正常	□完好　□损坏
12	吊带	吊带完整，无损坏	□完好　□损坏
		吊带无锈斑，运动灵活	□完好　□损坏
13	起吊钢丝绳	起吊钢丝绳完整，无损坏	□完好　□损坏
		起吊钢丝绳无锈斑，运动灵活	□完好　□损坏

续表

序号	工具名称	检查标准	检查结果
14	百分表	外观完好，无损坏	□完好　□损坏
		刻度清晰，能正常进行读数	□完好　□损坏
		表针动作灵活，能正常使用	□完好　□损坏
15	噪声计	外观完好，无损坏	□完好　□损坏
		显示清晰，能正常进行读数	□完好　□损坏
		测音效果良好，能正常使用	□完好　□损坏
16	支撑杆	外观完好，无损坏	□完好　□损坏

五、确定工作流程并制订工作计划

1．确定工作流程

电梯轿厢上下跳动故障检修的内容及流程包括：检查现场、检查安全警示牌设置、检查施工条件、准备工具、检查机械结构部件、起吊机械设备、拆卸曳引轮、安装与调整曳引轮等，按正确的顺序将其填写在图 3-2-5 中，并将内容填写完整。组员之间相互借鉴、组合、优化，通过讨论制订出一个可行的工作流程。

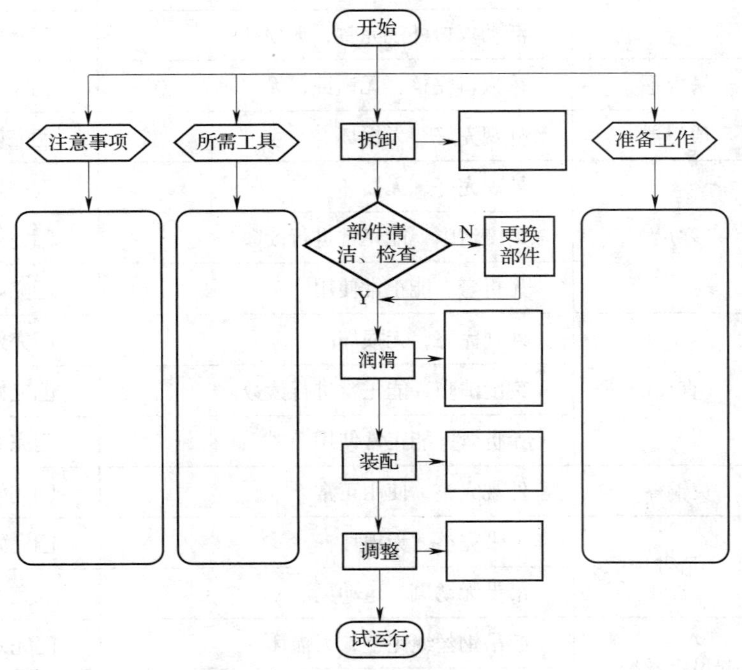

图 3-2-5　电梯轿厢上下跳动故障大修工作流程图

2．制订工作计划

根据电梯桥厢上下跳动故障检修要求，制订电梯轿厢上下跳动故障检修计划，填入表 3–2–5 中。

表 3–2–5　　电梯轿厢上下跳动故障检修计划表

电梯型号	
所需的工具和物料	
故障现象及可能原因	1.
	2.
	3.
	4.
	5.
	6.
	7.

故障检修流程：

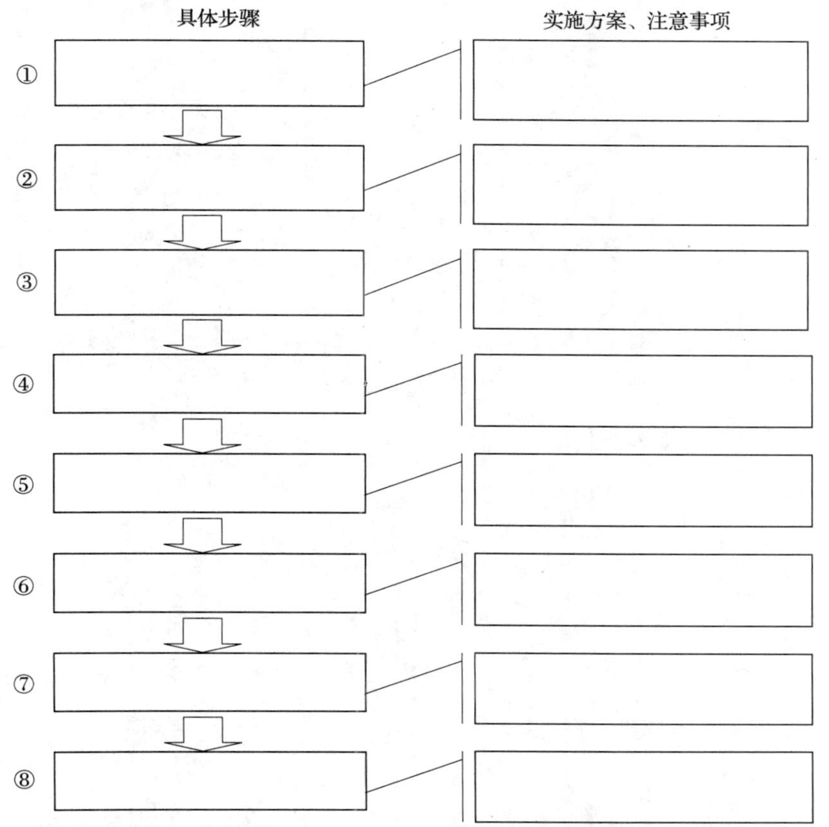

续表

人员分工：

序号	工作内容	负责人	计划完成时间	质量检验人
1				
2				
3				
4				
5				
6				
7				
8				
9				
10				

学习活动3　实施检修

学习目标

1. 掌握曳引轮更换的技术规范。
2. 掌握大修工具的使用方法，能正确使用大修工具。
3. 能更换曳引轮。

建议学时：16学时

学习过程

一、知识准备

1．若有部分钢丝绳磨损严重，只更换磨损部分的钢丝绳，对其他钢丝绳和曳引轮会产生什么影响?

2．曳引轮主要用什么材料制造？是否可以在曳引轮表面涂抹润滑油?

3．日立 B89 型电梯（额定速度为 2.5 m/s，载重量为 1 000 kg，VVVF 控制方式），钢丝绳在曳引轮上有窜动现象，这种异常情况是什么原因造成的？

二、更换曳引轮

1．曳引轮更换前的准备工作

完成曳引轮更换前的准备工作，并填写表 3-3-1 中的内容。

表 3-3-1　　曳引轮更换前的准备工作

<table>
<tr><th>过程图片及步骤描述</th><th>实施记录及操作要点</th></tr>
<tr><td>（1）电梯停至顶层平层</td><td>是否将电梯停至顶层平层
（是□　　否□）
是否确认轿厢内无人
（是□　　否□）</td></tr>
<tr><td>（2）放置安全防护栏

</td><td>在顶层和底层分别放置安全防护栏
是否放置安全防护栏
（是□　　否□）</td></tr>
</table>

续表

过程图片及步骤描述	实施记录及操作要点
（3）安放吊带（起吊钢丝绳） 	是否将吊带（起吊钢丝绳）放至井道 （是□　否□） 吊带（起吊钢丝绳）的防护 （正确□　错误□）
（4）安放起重葫芦 	起重葫芦的安装 （正确□　错误□） 电梯位置 （合适□　不合适□）
（5）切断电梯主电源开关 	是否切断电梯主电源开关 （是□　否□） 是否锁住电梯主电源 （是□　否□）
（6）拆除底坑对重护网 	是否将底坑急停开关打到停止位置 （是□　否□） 是否打开井道照明 （是□　否□） 底层厅门是否保持 80 ~ 100 mm 的距离并锁紧 （是□　否□） 是否拆除对重护网 （是□　否□）

续表

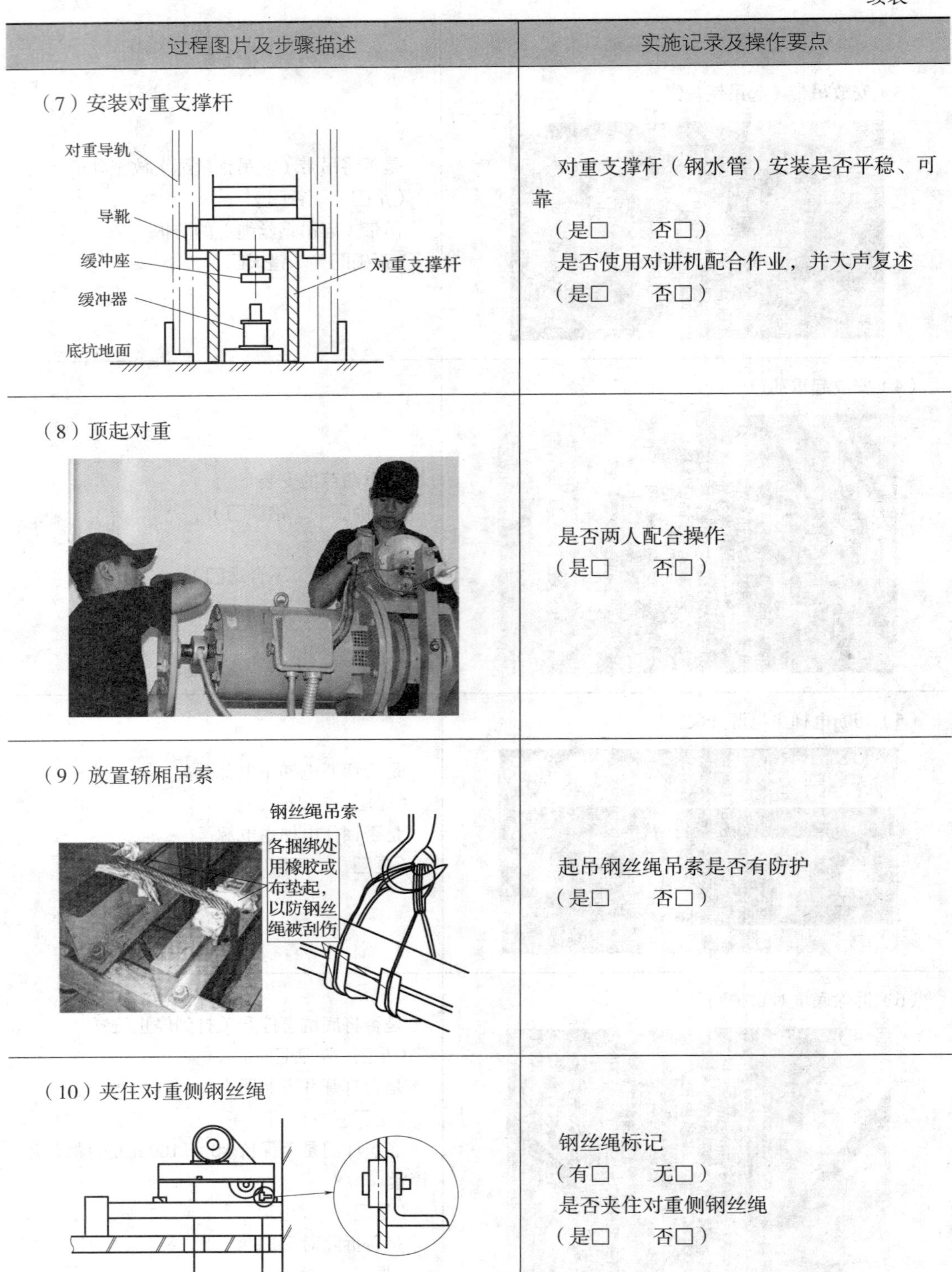

过程图片及步骤描述	实施记录及操作要点
（7）安装对重支撑杆	对重支撑杆（钢水管）安装是否平稳、可靠 （是□　　否□） 是否使用对讲机配合作业，并大声复述 （是□　　否□）
（8）顶起对重	是否两人配合操作 （是□　　否□）
（9）放置轿厢吊索	起吊钢丝绳吊索是否有防护 （是□　　否□）
（10）夹住对重侧钢丝绳	钢丝绳标记 （有□　　无□） 是否夹住对重侧钢丝绳 （是□　　否□）

续表

过程图片及步骤描述	实施记录及操作要点
（11）标记制动弹簧初始位置 	是否在制动弹簧螺母上做标记 （是□　　否□）
（12）标记铁芯初始位置 	是否在铁芯调节杆上做标记 （是□　　否□）
（13）锁紧制动器弹簧 	是否锁紧制动器弹簧 （是□　　否□） 使用呆扳手规格：________

续表

过程图片及步骤描述	实施记录及操作要点
（14）放置曳引轮起吊钢丝绳 	放置曳引轮起吊钢丝绳 （正确□　错误□）
（15）将润滑油放入干净的桶内 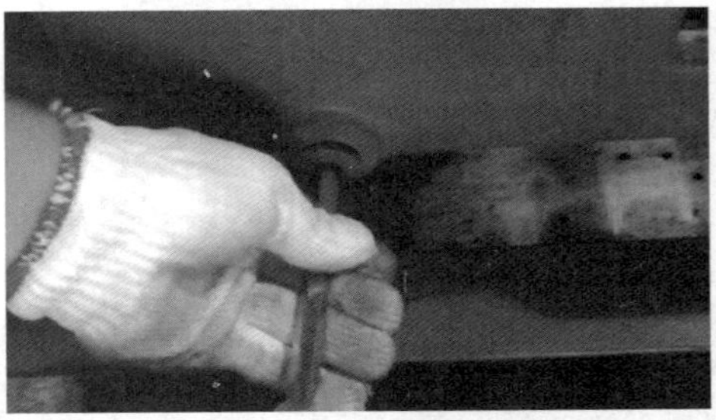 	是否将主机箱体内的润滑油放尽 （是□　否□） 曳引机润滑油放尽后，是否用抹布擦干净曳引机放油口周围的油液 （是□　否□）
（16）标记电动机 / 制动轮安装螺栓 	是否拆下电动机、编码器接线及制动器接线 （是□　否□） 是否标记电动机安装螺栓 （是□　否□） 是否标记制动轮安装螺栓 （是□　否□）

2. 更换曳引轮

完成曳引轮的更换，并填写表 3–3–2 中的内容。

表 3–3–2　　曳引轮更换实施记录表

过程图片及步骤描述	实施记录及操作要点
一、拆卸	
1. 取下曳引机钢丝绳 	是否拆卸钢丝绳 （是□　否□） 轿顶是否无人 （是□　否□） 厅门是否关闭 （是□　否□）
2. 拆除减速箱的上盖 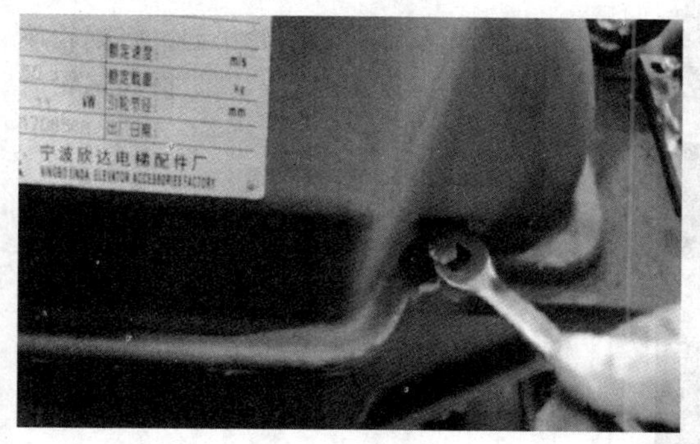	是否用呆扳手拆除减速箱的上盖 （是□　否□） 是否清除箱盖密封胶 （是□　否□）
3. 起吊曳引轮 	是否做好起吊钢丝绳防护，防止起吊钢丝绳损伤 （是□　否□） 曳引轮起吊 （正确□　错误□）

续表

过程图片及步骤描述	实施记录及操作要点
4. 拆下曳引轮固定螺栓 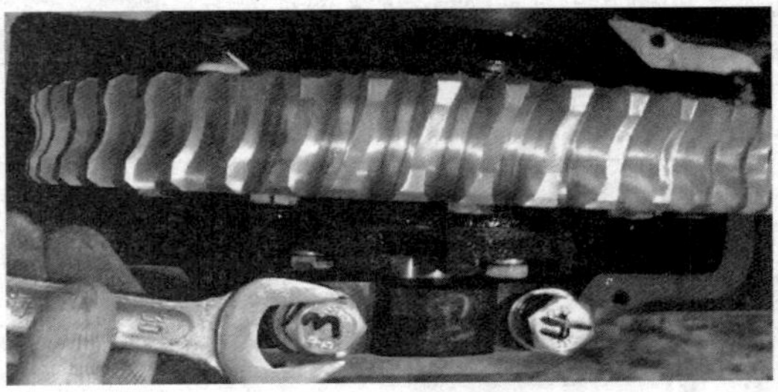	是否对螺栓进行标记 （是□　　否□） 是否拆下曳引轮固定螺栓 （是□　　否□）
5. 吊起曳引轮  	用起重葫芦将曳引轮吊起，将蜗轮放在木方或三角支架上，以防损伤蜗轮齿面 （正确□　　错误□）
6. 组装拉马 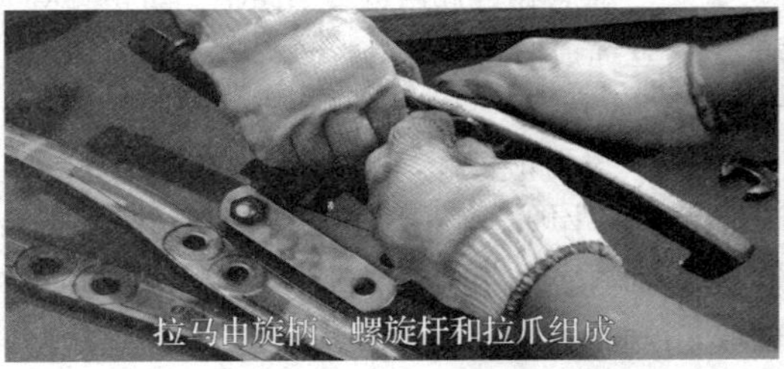	是否完成拉马的组装 （是□　　否□）

续表

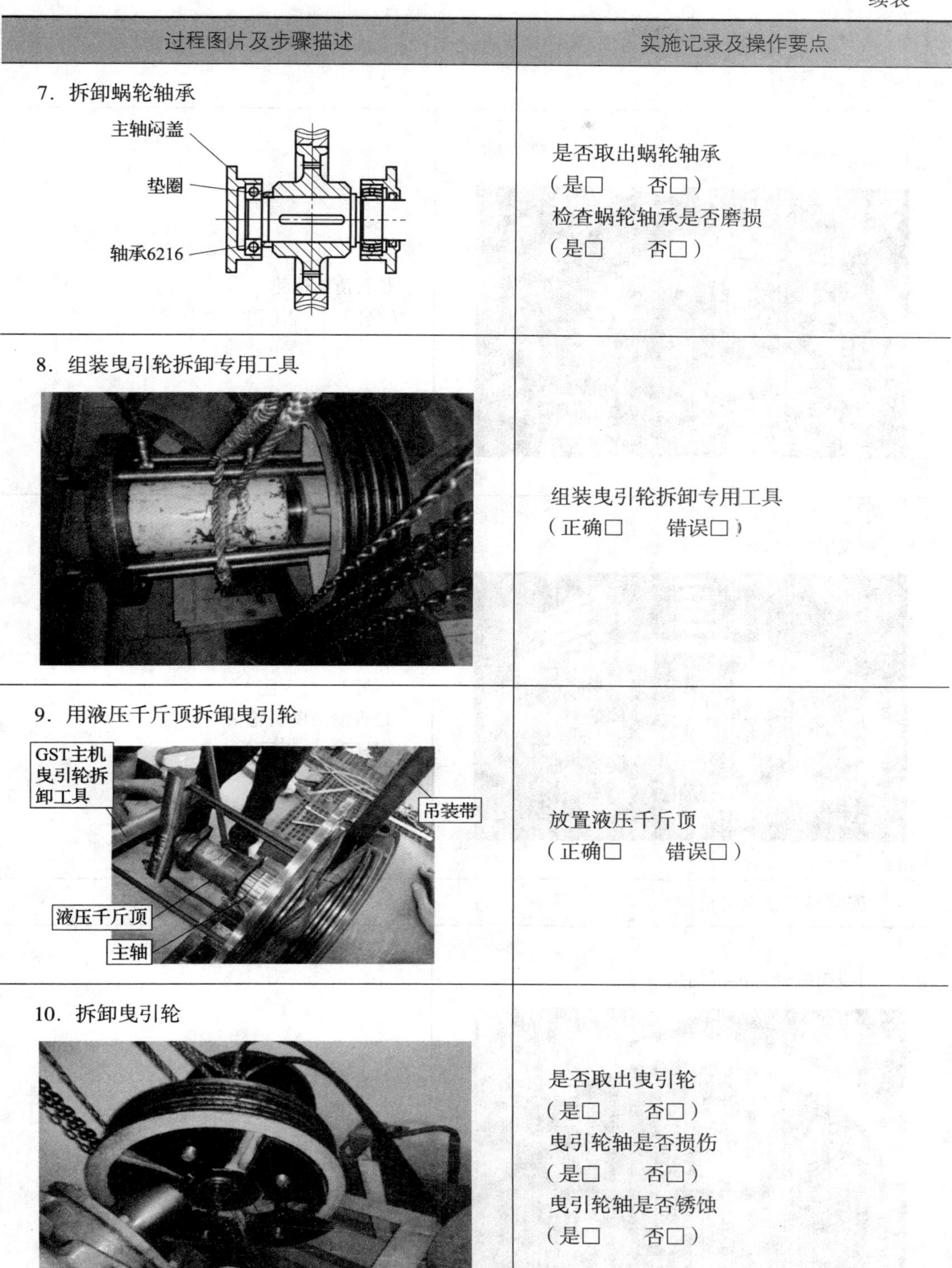

过程图片及步骤描述	实施记录及操作要点
7. 拆卸蜗轮轴承	是否取出蜗轮轴承 （是□　　否□） 检查蜗轮轴承是否磨损 （是□　　否□）
8. 组装曳引轮拆卸专用工具	组装曳引轮拆卸专用工具 （正确□　　错误□）
9. 用液压千斤顶拆卸曳引轮	放置液压千斤顶 （正确□　　错误□）
10. 拆卸曳引轮	是否取出曳引轮 （是□　　否□） 曳引轮轴是否损伤 （是□　　否□） 曳引轮轴是否锈蚀 （是□　　否□）

续表

过程图片及步骤描述	实施记录及操作要点
二、检查与清洁	
1. 清洁蜗轮 	是否清洁蜗轮 （是□　　否□）
2. 新曳引轮 	是否清洁曳引轮 （是□　　否□） 是否检查曳引轮 （是□　　否□） 是否清洁曳引轮轴 （是□　　否□）
三、安装与调整曳引轮	
1. 对曳引轮轴套进行加热 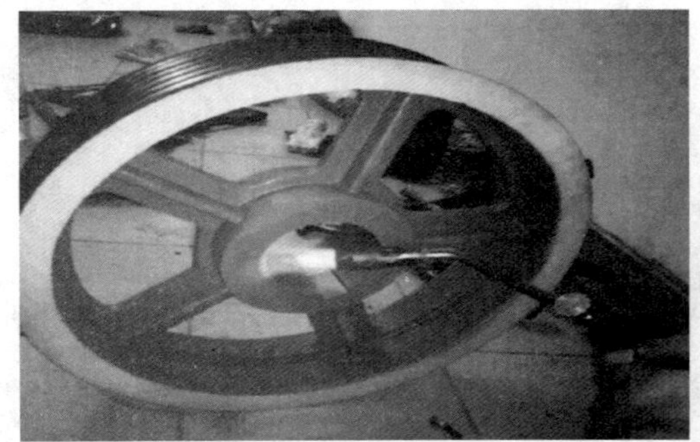	是否穿戴护目镜 （是□　　否□） 是否穿戴隔热手套 （是□　　否□）

续表

过程图片及步骤描述	实施记录及操作要点
2. 安装曳引轮 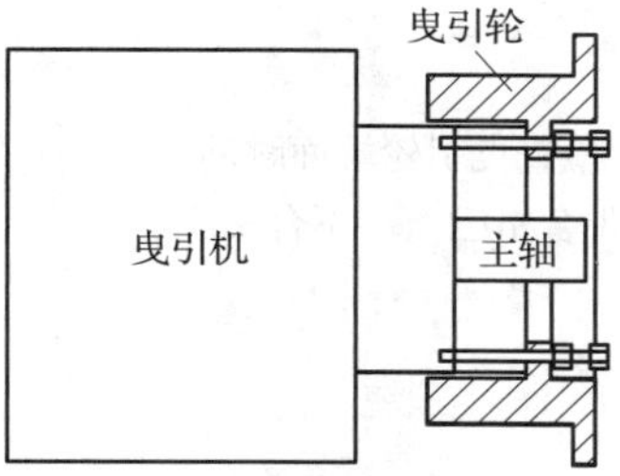 曳引轮 曳引机 主轴	是否穿戴隔热手套 （是□　　否□） 是否多人配合操作 （是□　　否□）
3. 将曳引轮放入减速箱 	放置曳引轮时，是否无碰撞、刮擦和损伤 （是□　　否□） 是否对角交替收紧支撑座螺母 （是□　　否□）
4. 检查蜗轮 	检查蜗轮蜗杆啮合面 （合格□　　不合格□） 检查蜗轮端面跳动 （合格□　　不合格□） 检查蜗轮侧隙 （合格□　　不合格□）
5. 密封箱体 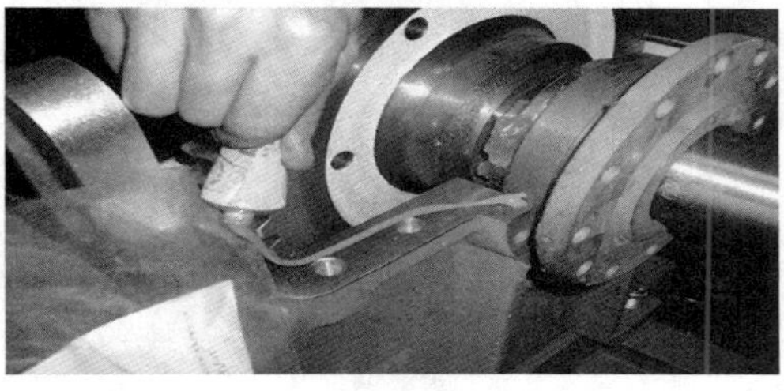	是否密封箱盖 （是□　　否□） 是否盖好减速箱上盖 （是□　　否□）

续表

过程图片及步骤描述	实施记录及操作要点
6．检查曳引轮端面跳动 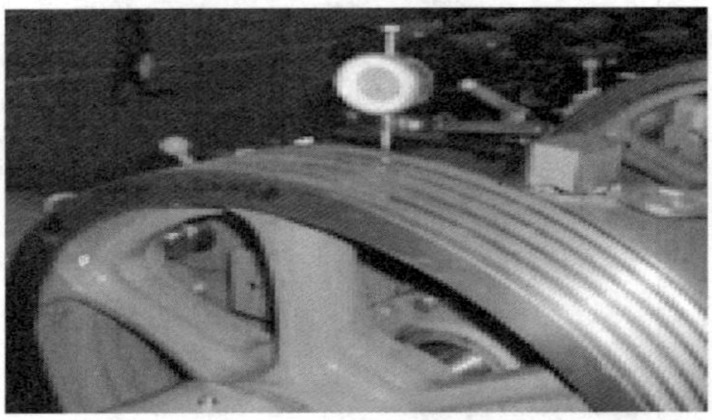	检查曳引轮端面跳动 （合格□　不合格□）
7．测量曳引轮垂直度 	测量曳引轮垂直度 （合格□　不合格□）
8．向减速箱内注入润滑油 	将曳引机润滑油注入箱体后，是否用抹布擦干净曳引机注油口周围的油液 （是□　否□）
9．调整制动器  把制动臂装上	是否调整、检查制动器 （是□　否□）

续表

过程图片及步骤描述	实施记录及操作要点
四、复位与运行	
1. 复位钢丝绳 	是否复位机房钢丝绳 （是□　　否□） 检查钢丝绳安装顺序 （正确□　　错误□） 安装防跳杆 （正确□　　错误□）
2. 复位安全钳 / 拆卸起重葫芦 	安全钳是否复位 （是□　　否□） 限速器是否复位 （是□　　否□） 是否释放起重葫芦 （是□　　否□）
3. 检修轿顶 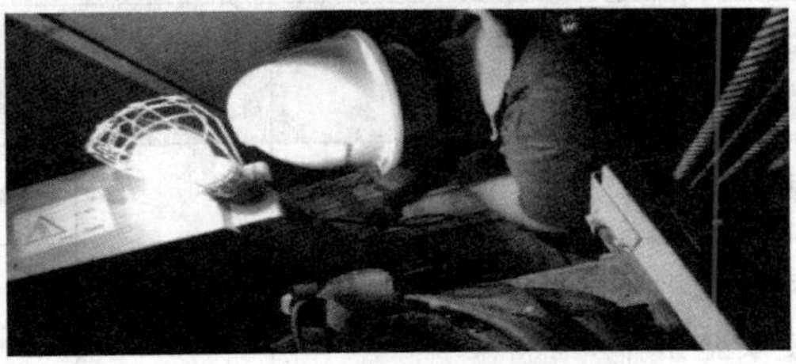	是否检修轿顶 （是□　　否□）
4. 运行轿厢 	是否进行轿厢中间层运行检查 （是□　　否□） 是否恢复电梯运行 （是□　　否□）

续表

过程图片及步骤描述	实施记录及操作要点
5. 归还大修工具和物料 	是否按企业 6S 管理规范清洁现场，归还大修工具和物料 （是□　否□）

三、曳引轮更换实施记录表

实施记录表是对修理过程的记录，以保证修理任务按工序正确执行，对修理的质量进行判断。曳引轮更换实施记录见表 3–3–3。

表 3–3–3　曳引轮更换实施记录表

曳引轮更换			检查人 / 日期		
步骤	序号	检查项目	技术标准	完成情况	分值
准备工作	1	将电梯停至顶层，切断电梯主电源	合格□　不合格□	是□ 否□	★
	2	将电梯轿厢用起重葫芦吊起，使用撑木将对重侧对重撑起，提拉安全钳拉杆使安全钳钳块动作，然后稍微松一下起重葫芦，使轿厢重量主要由安全钳承受 起吊轿厢时要注意安全，必须保护好称量装置	合格□　不合格□		★
	3	当曳引钢丝绳松掉后，将钢丝绳卸下，并做好排列顺序标记	合格□　不合格□		6
	4	将曳引机减速箱润滑油放入干净的桶内，拆下电动机、编码器接线及制动器接线	合格□　不合格□		★
	5	记下制动器两边弹簧的长度，收紧两边的制动弹簧	合格□　不合格□		6

续表

步骤	序号	检查项目	技术标准	完成情况	分值
拆卸	6	拆除减速箱的上盖	合格□　不合格□	是□ 否□	6
	7	松开蜗轮两边支承轴承座的螺母	合格□　不合格□		6
	8	用起重葫芦将曳引轮吊起，将蜗轮放在木方或三角支架上，以防损伤蜗轮齿面	合格□　不合格□		★
	9	用三爪拉马拆卸蜗轮传动轴承	合格□　不合格□		★
清洁	10	用润滑剂对蜗轮进行清洁。用砂纸在蜗轮轴处轻微打磨，除去蜗轮轴上的毛刺，严禁使用锉刀或砂轮进行修复	合格□　不合格□	是□ 否□	6
装配	11	使用加热器加热曳引轮毂至 80℃左右后套入蜗轮轴，此时曳引轮毂温度较高，必须使用隔热手套	合格□　不合格□	是□ 否□	★
	12	用木锤将曳引轮敲入蜗轮轴，由于曳引轮毂与蜗轮轴采用紧配合方式，敲击过程中注意使曳引轮毂被慢慢敲入，用力均匀，直至完全敲不动为止	合格□　不合格□		6
	13	用起重葫芦将曳引轮吊起，将蜗轮放入曳引机箱体内，注意蜗轮与蜗杆齿面的啮合间距	合格□　不合格□		★
	14	拧紧蜗轮两边支承轴承座的螺母	合格□　不合格□		6
	15	调整曳引轮的垂直度，在空载情况下，曳引轮向减速箱的方向偏 0.5 mm	合格□　不合格□		6
运行	16	复位钢丝绳	合格□　不合格□	是□ 否□	★
	17	将润滑油倒回曳引机，用棉纱清除溅出的润滑油	合格□　不合格□		6
	18	接通电梯电源，慢车下行，检查制动器是否异常，取出对重支撑木	合格□　不合格□		6
	19	运行电梯，检查曳引轮的运转情况	合格□　不合格□		6

评分依据：带★号项目为重要项目，一项不合格，则检验结论为不合格。其他项目为一般项目，总扣分若不超过 20 分（包括 20 分），检验结论为合格；超过 20 分则为不合格。

学习活动 4　检验与验收

学习目标

1. 掌握工作验收表中的验收步骤与验收内容。
2. 能进行曳引轮的测试。
3. 能进行自检与互检。

建议学时：2 学时

学习过程

一、工作验收表

维修工作结束后，电梯安装维修工应确认是否所有部件和功能都正常。维修站应会同客户对电梯进行检查，确认所委托的电梯修理工作已全部完成，并达到客户的修理要求。曳引轮的更换工作交接验收表见表 3–4–1。

表 3–4–1　　曳引轮的更换工作交接验收表

1. 工作验收

<table>
<tr><th>验收步骤</th><th colspan="2">验收内容</th></tr>
<tr><td>（1）是否按工作计划进行了所有工作？</td><td colspan="2">（1）把工作计划中的所有项目检查一遍，确认所有项目都已经圆满完成，或者给出了应有的解释</td></tr>
<tr><td rowspan="6">（2）哪些工作项目必须以现场检查方式进行检查？</td><td colspan="2">（2）检查以下工作项目</td></tr>
<tr><td>现场检查</td><td>结果</td></tr>
<tr><td>检查曳引轮的磨损情况</td><td></td></tr>
<tr><td>检查曳引钢丝绳的磨损情况</td><td></td></tr>
<tr><td>检查曳引轮是否按规定进行更换</td><td></td></tr>
<tr><td>检查电梯运行时的振动和噪声</td><td></td></tr>
</table>

续表

<table>
<tr><th>验收步骤</th><th>验收内容</th></tr>
<tr><td>（3）是否遵守规定的维修工时？</td><td>（3）拆卸及更换曳引轮的规定时间是 90 min
（合格□　　不合格□）</td></tr>
<tr><td>（4）曳引机是否干净、整洁？</td><td>（4）检查曳引机是否干净、整洁，各种保护罩是否已经装好
（合格□　　不合格□）</td></tr>
<tr><td>（5）哪些信息必须转告客户？</td><td>（5）指出需要更换齿轮油或下次维修保养时必须排除的其他已经确认的故障</td></tr>
<tr><td>（6）对质量改进的贡献？</td><td>（6）考虑维修和工作计划准备，维修工具、检测工具、工作油液和辅助材料的供应情况，时间安排是否已经达到最佳程度
提出改善建议并在下次修理时予以考虑</td></tr>
<tr><td colspan="2">2．记录</td></tr>
<tr><td colspan="2">（1）是否记录了配件和材料的需求量？
（2）是否记录了工作开始和结束时间？</td></tr>
<tr><td colspan="2">3．大修后的咨询谈话</td></tr>
<tr><td>客户接收电梯时期望对下述内容做出解释：
（1）检查表
（2）已经完成的工作项目
（3）结算单
（4）移交维修记录本</td><td>在维修后谈话时向客户转告以下信息：
（1）发现异常情况，如保护罩损坏、漏油、油漆剥落等
（2）电梯日常使用中应注意之处
（3）在什么情况下需要更换曳引轮</td></tr>
<tr><td colspan="2">4．对解释说明的反思</td></tr>
<tr><td colspan="2">（1）是否达到了预期目标？
（2）可视化方式是否正确？
（3）与相关人员的沟通效率是否较高？
（4）组织工作是否良好？</td></tr>
</table>

二、曳引轮的测试

大修完成后，对电梯曳引轮进行测试，填写表 3–4–2，并与物业管理人员（甲方）签字确认。

表 3–4–2 电梯曳引轮测试记录表

<table>
<tr><td colspan="2">用户单位</td><td colspan="2"></td><td>用户地址</td><td></td></tr>
<tr><td colspan="2">曳引轮型号</td><td colspan="2"></td><td>测量单位</td><td></td></tr>
<tr><td rowspan="4">曳引轮
垂直度</td><td>测试次数</td><td>前左</td><td>前右</td><td>后左</td><td>后右</td></tr>
<tr><td>1</td><td></td><td></td><td></td><td></td></tr>
<tr><td>2</td><td></td><td></td><td></td><td></td></tr>
<tr><td>3</td><td></td><td></td><td></td><td></td></tr>
<tr><td rowspan="4">曳引轮
径向
跳动</td><td>测试次数</td><td>上</td><td>下</td><td>左</td><td>右</td></tr>
<tr><td>1</td><td></td><td></td><td></td><td></td></tr>
<tr><td>2</td><td></td><td></td><td></td><td></td></tr>
<tr><td>3</td><td></td><td></td><td></td><td></td></tr>
<tr><td colspan="2">检验人员</td><td colspan="2"></td><td>检验日期</td><td></td></tr>
<tr><td colspan="3">项目施工负责人签字：

年　月　日</td><td colspan="3">物业负责人签字：

年　月　日</td></tr>
</table>

三、自检与互检

曳引轮更换的自检、互检记录见表 3–4–3。

表 3–4–3 曳引轮更换的自检、互检记录表

自检、互检记录	备注
各小组学生按技术要求检测设备并记录 检测问题记录：	自检
各小组分别派代表按技术要求检测其他小组设备并记录 检测问题记录：	互检
教师检测问题记录：	教师检验

小提示

工程验收时，应对下列项目进行检查：

1. 曳引机应干净、整洁，曳引轮安装牢固，无油污。
2. 曳引机固定螺栓、螺母应紧固，无松动迹象。
3. 曳引轮动作灵活、可靠，无摩擦或延时抱闸等现象。
4. 曳引轮垂直度数值在厂家规定的范围内。
5. 曳引轮径向跳动数值在厂家规定的范围内。

学习活动5　工作总结与评价

学习目标

1. 能按分组情况，派代表展示工作成果，说明本次任务的完成情况，并做分析总结。

2. 能结合任务完成情况，正确规范地撰写工作总结。

3. 能就本次任务中出现的问题提出改进措施。

4. 能对学习与工作进行反思，并能与他人开展良好合作，进行有效沟通。

建议学时：2学时

学习过程

一、个人、小组评价

以小组为单位，选择演示文稿、展板、海报、视频等形式中的一种或几种，向全班展示、汇报工作成果。在展示的过程中，以小组为单位进行评价；评价完成后，根据其他小组对本组展示成果的评价意见进行归纳总结。

汇报任务实施过程：

其他小组成员的评价意见：

二、教师评价

认真听取教师对本小组展示成果优缺点以及在完成任务过程中出现的亮点和不足的评价意见，并做好记录。

1．教师对本小组展示成果优点的点评。

2．教师对本小组展示成果缺点及改进方法的点评。

3．教师对本小组在整个任务完成过程中出现的亮点和不足的点评。

三、工作过程回顾及总结

1．在团队学习过程中，项目负责人给你分配了哪些工作任务？你是如何完成的？还有哪些需要改进的地方？

2．总结完成电梯轿厢上下跳动故障排除任务过程中遇到的问题和困难，列举 2 ~ 3 点你认为比较值得与其他同学分享的工作经验。

3．回顾本学习任务的工作过程，对新学专业知识和技能进行归纳和整理，撰写工作总结。

评价与分析

按照客观、公正和公平的原则，在教师的指导下按自我评价、小组评价和教师评价三种方式对自己或他人在本学习任务中的表现进行综合评价。综合等级按 A（90 ~ 100）、B（75 ~ 89）、C（60 ~ 74）、D（0 ~ 59）四个级别进行填写，见表 3-5-1。

表 3-5-1　　学习任务综合评价表

<table>
<tr><th rowspan="2">考核项目</th><th rowspan="2">评价内容</th><th rowspan="2">配分（分）</th><th colspan="3">评价分数</th></tr>
<tr><th>自我评价</th><th>小组评价</th><th>教师评价</th></tr>
<tr><td rowspan="6">职业素养</td><td>劳动保护用品穿戴完备，仪容仪表符合工作要求</td><td>5</td><td></td><td></td><td></td></tr>
<tr><td>安全意识、责任意识、服从意识强</td><td>6</td><td></td><td></td><td></td></tr>
<tr><td>积极参加教学活动，按时完成各项学习任务</td><td>6</td><td></td><td></td><td></td></tr>
<tr><td>团队合作意识强，善于与人交流和沟通</td><td>6</td><td></td><td></td><td></td></tr>
<tr><td>自觉遵守劳动纪律，尊敬师长，团结同学</td><td>6</td><td></td><td></td><td></td></tr>
<tr><td>爱护公物，节约材料，管理现场符合 6S 标准</td><td>6</td><td></td><td></td><td></td></tr>
<tr><td rowspan="3">专业能力</td><td>专业知识扎实，有较强的自学能力</td><td>10</td><td></td><td></td><td></td></tr>
<tr><td>操作积极，训练刻苦，具有一定的动手能力</td><td>15</td><td></td><td></td><td></td></tr>
<tr><td>技能操作规范，注重检修工艺，工作效率高</td><td>10</td><td></td><td></td><td></td></tr>
<tr><td rowspan="2">工作成果</td><td>维修过程符合工艺规范</td><td>20</td><td></td><td></td><td></td></tr>
<tr><td>工作总结符合要求</td><td>10</td><td></td><td></td><td></td></tr>
<tr><td colspan="2">总　分</td><td>100</td><td></td><td></td><td></td></tr>
<tr><td rowspan="2">总评</td><td rowspan="2">自我评价 ×20%+ 小组评价 ×20%+ 教师评价 ×60%=</td><td>综合等级</td><td colspan="3" rowspan="2">教师（签名）:</td></tr>
<tr><td></td></tr>
</table>

学习任务四　电梯曳引机异响故障排除

学习目标

1. 能搜集电梯维修的相关资料。
2. 熟悉曳引机轴承的基本结构和工作原理。
3. 熟悉曳引机轴承更换的大修工艺。
4. 能合理制订维修计划和方案。
5. 能正确使用大修工具。
6. 能完成曳引机轴承的更换。
7. 能完成曳引机轴承更换后的检验。
8. 能完成电梯曳引机异响故障排除的工作总结与评价。

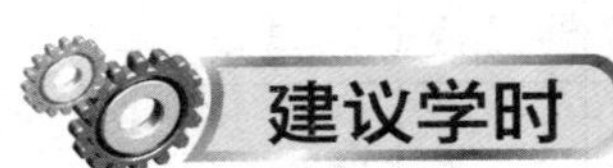

建议学时

24 学时

工作情境描述

现有三菱 GPS–CR 型电梯，30 层 /30 站，额定速度为 1.6 m/s，载重量为 750 kg。在做季度、年度检验时，发现曳引机轴承处有异常尖锐的响声，需进行大修，电梯安装维修工从项目主管处领取电梯曳引机异响大修任务书，要求在 3 个工作日内完成电梯曳引机的大修，使电梯恢复正常使用性能，并交付验收。

工作流程与活动

学习活动 1　明确工作任务（2 学时）

学习活动 2　制订工作计划（2 学时）

学习活动 3　实施检修（16 学时）

学习活动 4　检验与验收（2 学时）

学习活动 5　工作总结与评价（2 学时）

学习活动 1 明确工作任务

学习目标

1. 能进行电梯曳引机异响故障分析。
2. 能阅读电梯大修任务书。
3. 能填写电梯大修信息联系表。

建议学时：2 学时

学习过程

一、电梯曳引机异响故障分析

一般来说，有三分之一的轴承损坏原因是材料疲劳，三分之一是润滑不良，另外三分之一是污染物进入轴承或安装处理不当。

- 安装过程不洁导致的磨损：滚道表面与滚子表面布满凹痕，保持架上颗粒物及滚道面磨损，润滑脂（剂）变色。安装时要保持清洁，使用新的润滑脂，同时检查密封是否合格。
- 润滑不当造成的磨损：表面磨损呈镜面状，色泽呈蓝色或棕色。此种情况是由于润滑剂不足造成的，应改善润滑状况，重新确定润滑周期。
- 安装不当造成的凹痕：内、外环工作表面都有滚子凹痕。其原因是安装时未敲击在正确的环上，或是在圆锥轴上推进过度，或在静止状态负荷超载所致。
- 异物造成的凹痕：工作表面与滚子表面遍布凹痕，可能是安装时带入异物、润滑剂异物或周围环境异物等。应将轴承清洗干净，使用干净的润滑剂并检查油封。

1．填写故障树

分析电梯曳引机异响故障原因，并填写故障树（见图 4-1-1）。

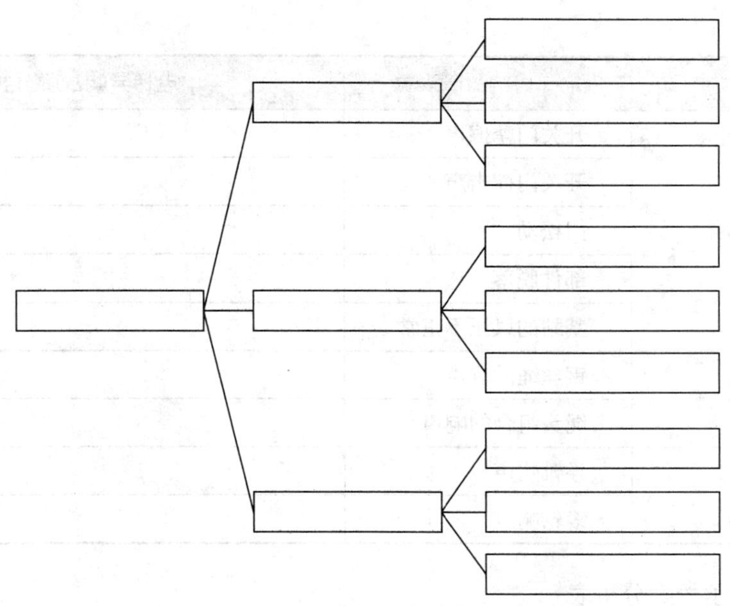

图 4-1-1　电梯曳引机异响故障树

2．填写电梯异响故障分析表

根据电梯异响故障现象填写故障分析表（见表 4-1-1）。

表 4-1-1　电梯异响故障分析表

电梯异响位置	电梯异响故障现象	电梯异响故障分析
机房异响	限速器异响	
	控制柜电气元件异响	
	电动机异响	
	曳引机异响	
	蜗轮蜗杆异响	
	轴承异响	
	环境噪声	
轿厢异响	轿厢焊接脱焊	
	运行时的风阻	
	轿厢部件之间摩擦	
	结构件松动	
	风扇损坏	

续表

电梯异响位置	电梯异响故障现象	电梯异响故障分析
门系统异响	开关门摩擦声	
	开关门撞击声	
	门松动	
	部件脱落	
	基站的风压不正常	
悬挂装置异响	钢丝绳的响声	
	绳头组合的响声	
其他	导靴响声	
	滚轮响声	

3．填写轴承故障分析表

根据轴承故障现象填写故障分析表（见表 4–1–2）。

表 4–1–2 轴承故障分析表

故障现象	故障分析	排除方法
1．卡入异物 		
2．疲劳点蚀 		

续表

故障现象	故障分析	排除方法
3．异常磨损 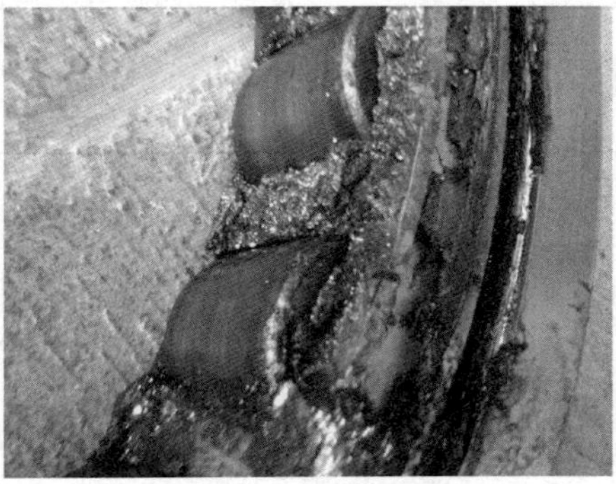		
4．内滚道、保持架损坏 		

4．填写轴承故障修理表

根据轴承故障分析填写轴承故障修理表（见表 4-1-3）。

表 4-1-3　轴承故障修理表

故障类型	轴承故障分析	轴承故障修理对策
轴承过热	润滑脂、机油失效或选用错误	
	油位太低，润滑剂从油封处流失，轴承箱内润滑脂不足	
	油位太高或轴承箱被润滑脂完全添满，导致润滑脂被充分搅拌而产生高温或漏油	

续表

故障类型	轴承故障分析	轴承故障修理对策
轴承过热	轴承间隙不当，当有热流通过轴心时，导致内环过分膨胀	
噪声	润滑脂或机油失效，润滑剂型号选择不当	
	油位太低或轴承箱内润滑脂不足	
	轴承内部间隙不当，紧定套筒过分锁紧，轴径过大、轴承内孔过盈量太大等都能造成轴承间隙减小，当轴面有热流通过时，导致内环过分膨胀	
	有脏物、砂粒、粉尘或其他污染物进入轴承箱内	
	安装轴承前轴承箱内的碎片、异物没有被清除干净	
振动	有脏物、异物、砂粒或其他污染物进入轴承箱内	
	有水、酸、油漆或其他腐蚀性物质进入轴承箱内	
	轴承箱内孔不圆、扭曲变形，支撑面不平	
	轴径小或紧定套筒未锁紧	
	不平衡负荷，箱孔间隙大，外环在箱孔内打滑	
	有两个或多个轴承耦合，产生轴心直线偏差和角度偏差	

二、阅读电梯大修任务书

电梯维修人员从维修站领取电梯大修任务书，见表 4–1–4，读取大修项目名称、日期、地点等相关信息。

表 4-1-4　电梯大修任务书

1．电梯的基本情况

类别：曳引系统□　导向系统□　门系统□　控制系统□　　日期：　年　月　日

用户名称			
用户地址			
故障现象	电梯在进行季度、年度检验时，发现曳引机轴承处有异常响声		
申报时间		完工时间	
申报单位		报修人电话	
电梯型号		生产厂家	
控制方式		载重量	
额定速度		层站	

2．大修作业人员

大修人员姓名		证号		有效期	
大修人员姓名		证号		有效期	

3．工作内容

序号	大修项目	大修要求	序号	大修项目	大修要求
1			3		
2			4		

4．验收和移交

验收意见：

验收人		大修负责人		物业负责人	

学习活动 2　制订工作计划

学习目标

1. 了解轴承的结构和工作原理。
2. 掌握电梯大修工具的规格、种类和使用方法。
3. 能制订大修工作计划或方案。

建议学时：2 学时

学习过程

一、认识轴承的结构和工作原理

轴承的工作原理非常简单：物体滚动比滑动容易。汽车轮子如同大型轴承，如果用雪橇代替车轮，汽车在道路上前进就困难得多。这是因为当物体滑动时，两个物体摩擦产生摩擦力，使滑动速度减慢。但如果两个物体表面可以相互滚动，摩擦力就会大大减小。

轴承利用光滑的金属滚珠或滚柱，以及润滑的内圈和外圈金属面来减小摩擦。这些滚珠或滚柱承受着负载，使设备可以平稳旋转。

1．引导问题

（1）轴承有哪些类型？曳引机一般使用哪种轴承？为什么？

（2）机房的噪声主要由哪些设备产生？

（3）如何更换轴承润滑油？应使用什么工具更换？

2．轴承的基本结构和功能

填写轴承的基本结构和功能，见表 4–2–1。

表 4–2–1　　轴承的基本结构和功能

一、轴承基本组成和功能	
 轴承	描述轴承的功能：

续表

	名称	位置
	外圈	
	外圈滚道	
	外圈挡肩	
	内圈	
	内圈滚道	
	内圈挡肩	
	球（滚动体）	
	保持架	
轴承基本组成	内圈端面	
	外圈端面	
	外径	
	内径	

二、轴承的类型

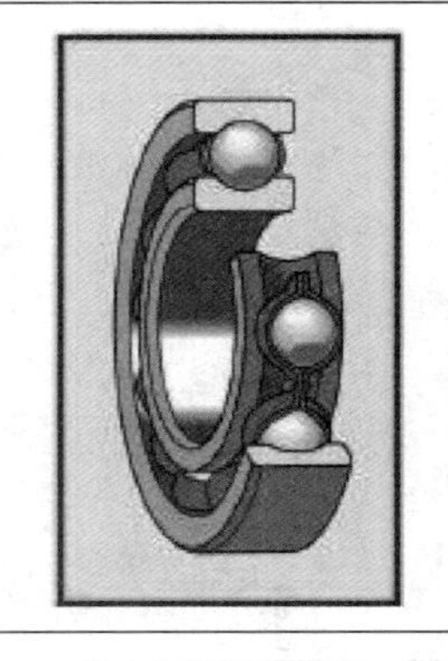		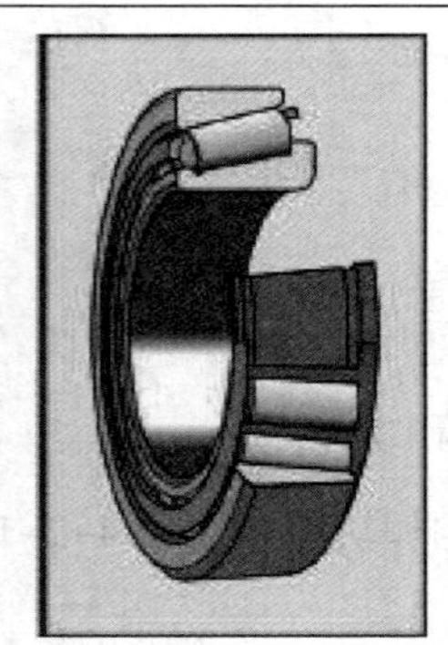	

小提示

轴承的类型有很多，每种都有不同的用途，包括滚珠轴承、滚柱轴承、推力球轴承、推力滚柱轴承和推力锥形滚柱轴承等。

（1）滚珠轴承

滚珠轴承是最常见的轴承类型，从直排滑轮到硬盘驱动器，很多物品中都用到滚珠轴承。这种轴承可以承受径向负载和轴向推力负载，通常应用于负载比较小的情况，如图 4–2–1 所示。

在滚珠轴承中，负载从外圈传输到滚珠上，再从滚珠传输到内圈。因为滚珠是球形的，与内圈和外圈的接触点很小，这样有助于平稳旋转。但这也意味着没有太大的接触区域来承受负载，因此如果轴承超载，滚珠会变形或被压扁，导致轴承损坏。

（2）滚柱轴承

滚柱轴承常应用于传送带中，如图 4–2–2 所示，承受非常重的径向负载。在这种轴承中，滚柱是一种圆柱体，因此内圈和外圈之间的接触不是点而是线。这就将负载平摊到较大的区域，轴承可以承载的负荷比滚珠轴承大得多。但是此类轴承不能用于承受很大的轴向推力负载。

此类轴承的一个变形称为滚针轴承，使用直径非常小的圆柱体。这样，轴承就可以安装到空间有限的位置。

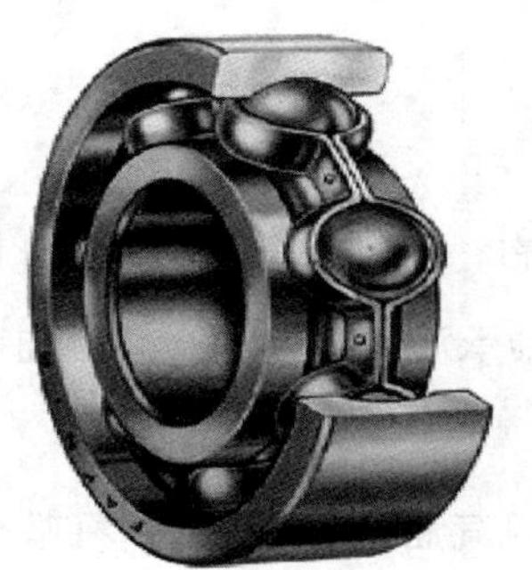

图 4–2–1　滚珠轴承

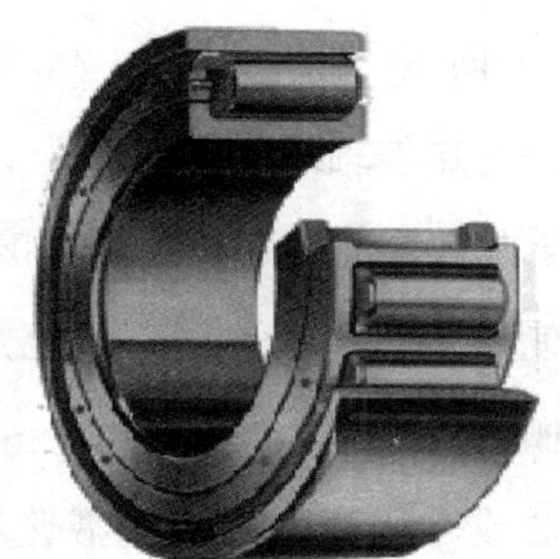

图 4–2–2　滚柱轴承

二、蜗杆轴承更换大修工艺

1．材料要求

润滑油：连接件润滑油的型号应符合设计要求。

蜗杆轴承：蜗杆轴承的规格应符合使用要求。

2．工艺标准

（1）蜗杆前端盖轴承的拆卸（负荷侧轴承，俗称前端盖轴承）

将电梯停至顶层，确保轿厢内无人，关闭层门、轿门。一人在轿顶、一人在底坑。将一条 2 ～ 3 m 的铁水管（直径为 60~80 mm，足够厚度）垂直放置在缓冲器旁正下方且要求底面紧固，底坑人员蹲下扶稳。轿顶人员通过对讲机联络底坑人员，确保安全时，向上慢车运行至顶层。机房人员切断主电源，松开抱闸使轿厢向上，对重向下至对重被铁水管顶起。底坑人员出底坑。

将电梯轿厢用起重葫芦吊起，提拉安全钳拉杆使安全钳钳块动作，然后稍微松一下起重葫芦，使轿厢重力主要由安全钳承受。起吊轿厢时要注意安全，必须保护好称量装置。当曳引钢丝绳松掉后，将钢丝绳卸下，并做好排列顺序标记。将曳引机减速箱润滑油放入干净的桶中，拆下电动机、编码器接线及制动器接线。

完全松开抱闸制动弹簧，将制动臂放下。拆下制动轮与联轴器（法兰盘）的连接螺栓。用起重葫芦吊住电动机的吊环，随后拆下电动机与安装板的连接螺栓。拆开曳引机减速箱端盖，松开固定制动轮的锁紧螺母，用铜棒轻轻敲击制动轮，使制动轮松动即可。

松开曳引机减速箱后端盖上的 4 个螺栓，将蜗杆向后端盖方向缓缓移动 5 cm 后，将制动轮拿出，拆下连接制动轮的键销，在键槽上贴上胶布（以防拆下前端盖时碰上油封），随后拆下前端盖，包括调整垫圈（用于防止蜗杆的窜动）。继续将蜗杆向后端盖方向移出直至整个蜗杆从减速箱内抽出。将蜗杆后端盖朝上倒置在地上，用拉马将前端盖轴承取出（避免蜗杆被碰伤）。

（2）蜗杆前端盖轴承的安装

使用轴承加热器（TMBH1 型）加热轴承至 80℃左右，将轴承套入蜗杆，此时轴承温度较高，必须使用隔热手套。当现场无加热器时，可将轴承放入装油的金属器皿中，放在电磁炉上进行加热。

可用煤油或专用清洁剂清洗减速箱箱体（严禁使用汽油），并检查蜗杆啮合齿面是否光滑，同样对蜗杆进行清洁。待套上的轴承冷却后，将蜗杆从减速箱后端盖处放入。

装上前端盖调整垫圈、油封及制动轮（建议在更换轴承时，同时更换蜗杆前端盖油封）。紧固前、后闷头的螺栓，使电动机复位。安装时要注意蜗杆键销与电动机轴键销的朝向应成 180°（使运行时达到平衡）。

装好制动闸瓦，盖上减速箱盖，加入润滑油，使钢丝绳复位，放下轿厢。

三、准备电梯大修常用工具

1．引导问题

（1）在使用拉马前，应该做哪些检查工作？

（2）拉马使用过程中的安全注意事项有哪些？

（3）在使用起重葫芦前，应该做哪些检查工作？

（4）起重葫芦使用过程中的安全注意事项有哪些？

2．工具的使用

（1）拉马

拉马是机械维修中经常使用的工具，主要用来将损坏的轴承从轴上拆卸下来，其主要由旋柄、螺旋杆和拉爪机构组成。拉马分为两爪、三爪等，主要尺寸为拉爪长度、拉爪间距、螺杆长度，以适应不同直径及不同轴向的轴承。使用时，将螺杆顶尖定位于轴端顶尖孔调整拉爪位置，使拉爪钩于轴承外环，旋转旋柄使拉爪带动轴承沿轴向向外移动拆除。三爪拉马如图 4–2–3 所示。

图 4–2–3　三爪拉马

小提示

拉马的使用规范：

（1）根据紧固件的大小来选择合适规格的拉马。

（2）根据拉马的拉力臂紧固螺栓及拉马拉力螺栓的型号进行选择。

（3）在操作拉马时，要选择好合适的操作方位；注意拉的速度不能太快，否则会损伤工件。

（4）操作时旁边严禁人员围观，以免拉马的拉臂在拉力过大时突然弹出伤人。

（5）根据设备性质选择拉马的拉爪样式。

（6）根据工件与拉马固定点间的距离，选择拉马的拉臂固定点。

（7）将拉马的拉臂固定螺栓拧好，松紧度以拉臂能灵活转动为宜。

（8）选择好合适的拉动点后，将拉马的拉力螺栓对准固定孔。

（9）将拉马的拉力臂挂在所要拉出的设备上，用手转动拉力螺栓，使拉力臂受力。

（10）用操作工具转动拉力螺栓，使拉件一点一点地被拉出。

（11）当拉马受力突然松弛时，取下拉马，然后取出拉件。

填写拉马的结构与使用规范，见表 4–2–2。

表 4–2–2　　拉马的结构与使用规范

一、拉马的结构与类型

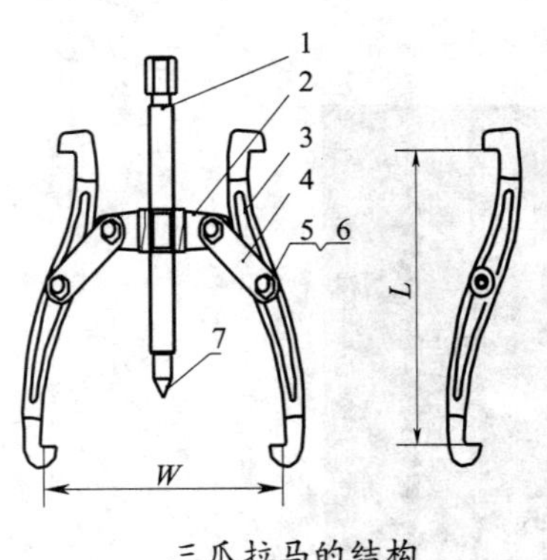

三爪拉马的结构

名称	位置
丝杆	
拉座	
拉脚	
连接片	
螺栓	
螺母	
顶尖	

续表

	名称	位置
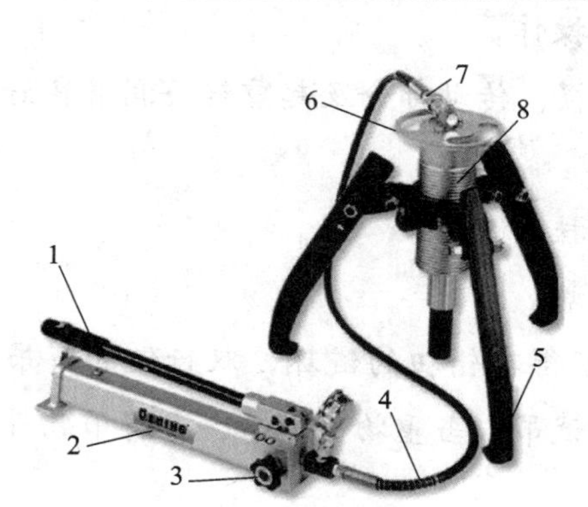分体液压拉马的结构	摆动手柄	
	手动泵	
	回油阀	
	高压软管	
	拉爪	
	旋转接头	
	手柄	
	调节杆	

二、拉马的规格

	名称	参数
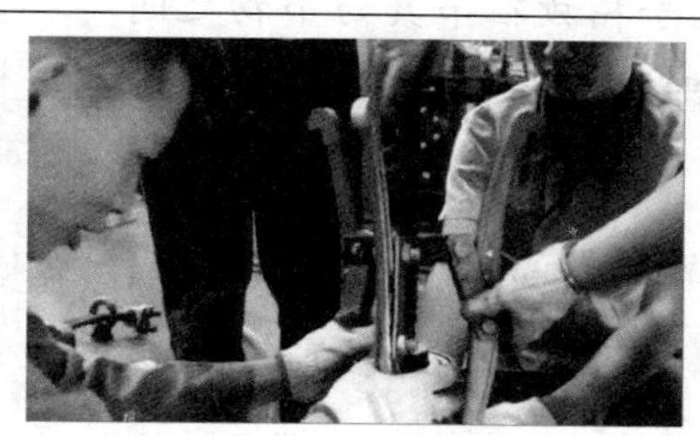填写拉马的规格	伸展范围	
	拉脚长 H_1	
	伸距 H_2	
	丝杠六角	
	丝杠规格	

三、拉马的检查

	螺栓丝牙有无损伤，拉力杆有无裂纹 （有□　　无□）
	拉马各零部件装配应灵活，是否出现过紧及过松现象 （是□　　否□）

（2）起重葫芦

小提示

起重葫芦的使用规范：

（1）起重葫芦严禁超载使用。

（2）起重葫芦严禁用人力以外的其他动力操作。

（3）起重葫芦在使用前须确认机件完好无损，传动部分及起重链条润滑良好，空转情况正常。

（4）起重葫芦起吊前应检查上下吊钩是否挂牢。

（5）使用起重葫芦时，严禁将重物吊在尖端。

（6）起重葫芦的起重链条应垂直悬挂，不得有错扭的链环，双行链的下吊钩架不得翻转。起重葫芦不能斜吊，操作时应首先试吊，当重物离地后，在将吊物升离地面几厘米后，检查吊物的平衡性。

（7）操作者应站在与起重葫芦手链轮同一平面内拽动手链条，每根链条只能由一个人操作，且只能由链条传递动力。在起吊过程中，无论重物上升或下降，拽动手链条时，用力应均匀和缓，不要用力过猛，以免手链条跳动或卡链。

（8）当吊索链条等吊具拉紧时，禁止将手或手指放在吊具与吊物之间。

（9）如发现手拉力大于正常拉力时，应立即停止使用，检查重物是否与其他物件牵连，葫芦机件有无损坏等。

（10）上升或下降重物的距离不得超过规定的起升高度，以防损坏机件。

（11）严禁人员在重物下做任何工作或行走，以免发生人身损伤事故。

（12）作业结束后，不允许抛掷起重葫芦。

填写起重葫芦的结构与检查内容，见表4–2–3。

表4–2–3　　起重葫芦的结构与检查内容

<table>
<tr><td colspan="3">一、起重葫芦的结构</td></tr>
<tr><td rowspan="6">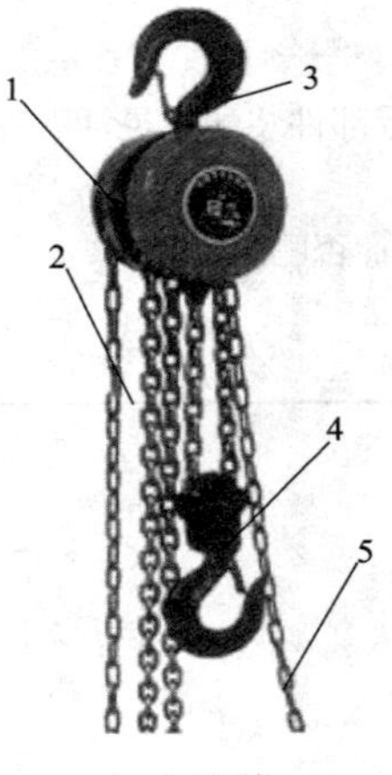

起重葫芦</td><td>名称</td><td>位置</td></tr>
<tr><td>起重链条</td><td></td></tr>
<tr><td>外罩壳</td><td></td></tr>
<tr><td>上吊钩</td><td></td></tr>
<tr><td>吊钩</td><td></td></tr>
<tr><td>手链条</td><td></td></tr>
</table>

续表

二、起重葫芦作业前检查表

施工单位名称		作业内容	
制造商		额定载荷	
检查部位	检查内容	检查方法	检查情况
标牌	有清晰标牌	标识清晰	是□　否□
整机	空载上升时有棘爪的响声、下降时制动器无异常	无负荷拉动葫芦上升、下降	是□　否□
	部件无松动和脱落现象	目测	是□　否□
吊钩	开口尺寸无明显增大，开口尺寸增大不超过 15%	目测、测量	是□　否□
	有保险销且保险销未变形失效	目测	是□　否□
	无明显变形、磨损	目测	是□　否□
	无裂纹或其他缺陷	目测	是□　否□
链条	润滑良好	目测	是□　否□
	起重链条无明显变形、裂纹及其他缺陷	目测	是□　否□
转动部件	转动灵活	目测	是□　否□

（3）噪声计

噪声计是最基本的噪声测量仪器，它是一种电子仪器，但又不同于电压表等电子仪表。它在将声信号转换成电信号时，可以模拟人耳对声波反应速度的时间特性，对高低频有不同灵敏度的频率特性，以及在不同响度时改变频率特性的强度特性。因此，噪声计是一种主观性的电子仪器。

噪声计的测量对象为运行中轿厢内噪声、开关门过程噪声、机房噪声，将测量方法填入表 4–2–4。

表 4-2-4　　电梯噪声的测量方法

描述开关门噪声的测量方法：	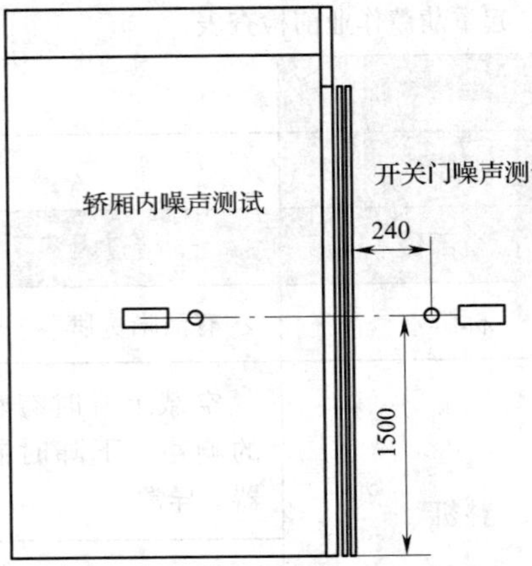 轿厢内噪声测试 开关门噪声测试 240 1500
描述机房噪声的测量方法：	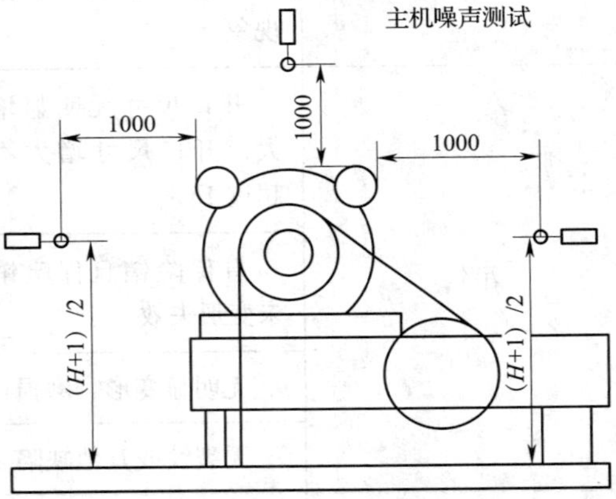 主机噪声测试 1000 1000 1000 (H+1) /2 (H+1) /2

电梯噪声测量依据：电梯技术条件（GB/T 10058—2009）和电梯试验方法（GB/T 10059—2009）。电梯噪声测量可以有效监控电梯噪声是否达到人体舒适度要求，保证电梯的运行质量。

电梯的各机构和电气设备在工作时不应有异常振动或撞击声响。测量乘客电梯的噪声值，并填入表 4-2-5 中。

表 4-2-5　　乘客电梯的噪声值

额定速度 v（m/s）	$v \leqslant 2.5$	$2.5<v \leqslant 6.0$
以额定速度运行时机房平均噪声值		
运行中轿厢内最大噪声值		
开关门过程中最大噪声值		

注：无机房电梯的“机房内平均噪声值”是指距离曳引机 1 m 处所测得的平均噪声值。

3. 工具的准备与检查

领取工具后，要立即对所领取的工具进行检查，发现损坏的工具要及时更换，以保证曳引机异响故障排除工作的正常开展。填写工具检查表，见表 4–2–6。

表 4–2–6　　工具检查表

序号	工具名称	检查标准	检查结果
1	安全帽	外观完整，无损坏	□完好　□损坏
		后箍完整，使用正常	□完好　□损坏
		下延带完好，使用正常	□完好　□损坏
2	工作服	拉链完整，使用正常	□完好　□损坏
		扣子完整，使用正常	□完好　□损坏
3	安全鞋	外观完整，使用正常	□完好　□损坏
4	对讲机	外观完整，使用正常	□完好　□损坏
5	旋具	外观完整，无损坏	□完好　□损坏
		头部没有损坏，能正常拧螺栓	□完好　□损坏
6	活动扳手	固定扳口完整，无损坏	□完好　□损坏
		调节杆无锈斑，运动灵活	□完好　□损坏
		活动扳口外观完整，无损坏	□完好　□损坏
7	呆扳手	呆扳口完整，无锈蚀，无损坏	□完好　□损坏
8	顶门器	外观完好，无损坏	□完好　□损坏
9	塞尺	外观完好，无损坏	□完好　□损坏
		刻度清晰，能正常进行读数	□完好　□损坏
		无折弯，能正常使用	□完好　□损坏
10	直尺	外观完好，无损坏	□完好　□损坏
		刻度清晰，能正常进行读数	□完好　□损坏
		无折弯，能正常使用	□完好　□损坏
11	黄铜棒	外观完整，使用正常	□完好　□损坏

四、安全检查

检查出的问题要及时整理汇总，并反馈给有关部门、班组或个人，督促其按要求整改，并填写安全检查表（见表 4–2–7）。

表 4–2–7 安全检查表

施工人员		施工组长		日期	
检查项目				检查结果	
健康	1．身体状况是否良好？有没有感到疲劳？			□是 □否	
保护工具	2．是否穿工作服？			□是 □否	
	3．是否戴安全帽？戴帽方式是否正确？			□是 □否	
	4．是否正确穿着安全鞋？			□是 □否	
	5．根据作业需要，是否使用保护工具？			□是 □否	
安全对策	6．是否粘贴安全操作标志？			□是 □否	
	7．是否放置顶层、底层安全防护栏？			□是 □否	
环境	8．是否清洁机房？			□是 □否	
	9．井道照明是否充足？			□是 □否	
	10．零部件、工具是否堆放整齐？			□是 □否	
工具	11．移动照明灯是否完好？			□是 □否	
	12．量具是否已检测？			□是 □否	
	13．起重葫芦是否良好？			□是 □否	
安全作业	14．共同作业时联络信号是否确实可靠？			□是 □否	
	15．作业位置与姿势是否正确？			□是 □否	
	16．灭火器是否放在指定位置？			□是 □否	

五、确定工作流程并制订工作计划

1．确定工作流程

电梯曳引机异响故障检修的内容及流程包括：检查现场、检查安全警示牌设置、检查施工条件、准备工具及物料、检查机械结构部件、起吊机械设备、拆卸制动器、拆卸电动机、拆卸蜗杆、拆卸轴承、安装轴承、安装蜗杆、安装电动机、安装制动器等，按正确的顺序将其填写在图 4–2–4 中，并将内容填写完整。组员之间相互借鉴、组合、优化，通过讨论制订出一个可行的工作流程。

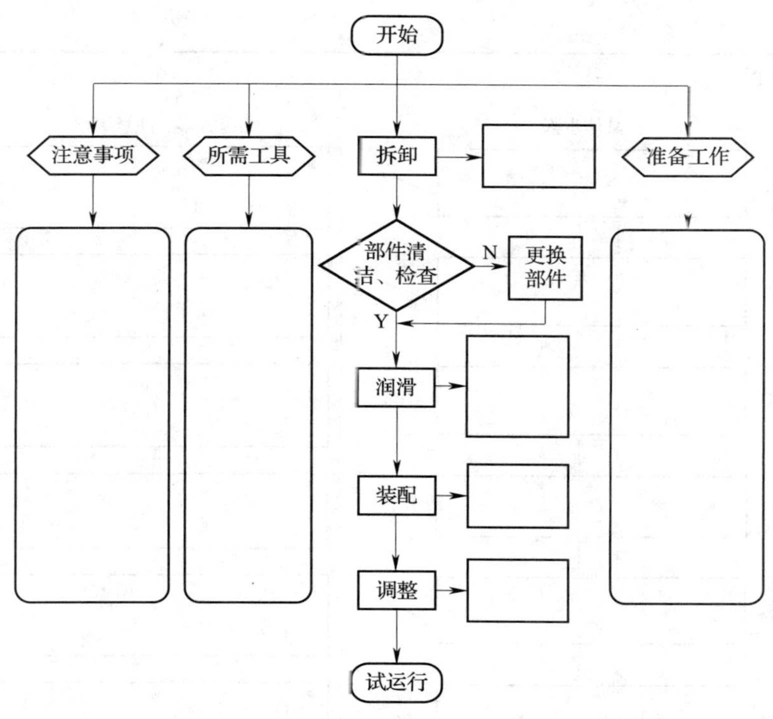

图 4-2-4 电梯曳引机异响故障大修工作流程图

2．制订工作计划

根据电梯曳引机异响故障检修要求，制订电梯曳引机异响故障检修计划，填入表 4-2-8 中。

表 4-2-8 电梯曳引机异响故障检修计划表

电梯型号	
所需的工具和物料	
故障现象及可能原因	1.
	2.
	3.
	4.
	5.
	6.
	7.

续表

故障检修流程：

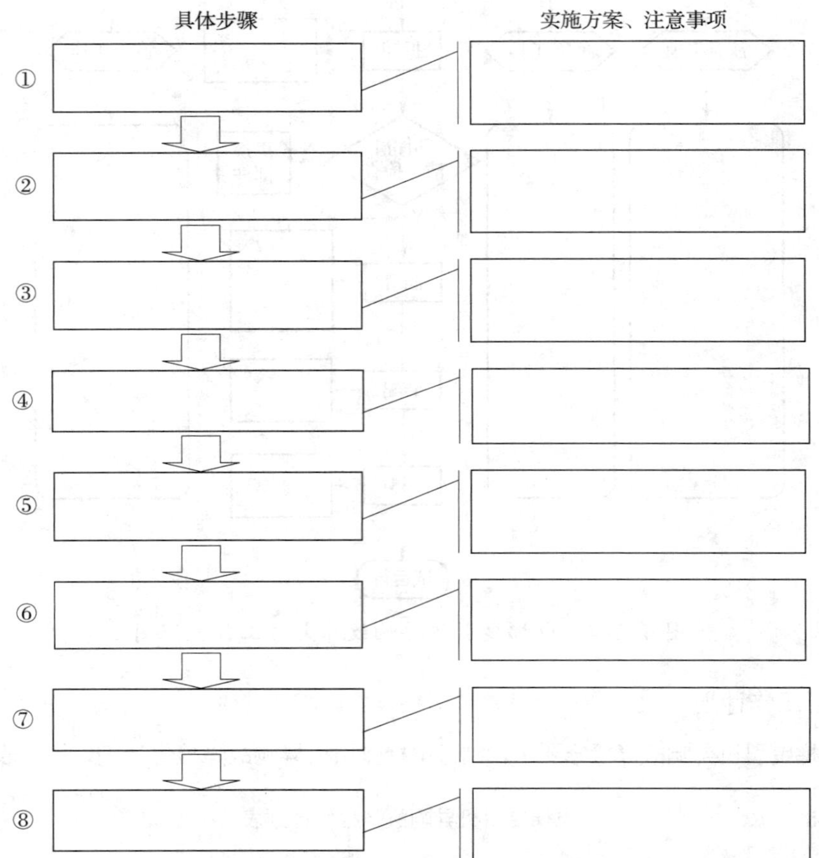

人员分工：

序号	工作内容	负责人	计划完成时间	质量检验人
1				
2				
3				
4				
5				
6				
7				
8				
9				
10				

学习活动3　实 施 检 修

学习目标

1. 掌握曳引机蜗杆轴承更换的技术规范。
2. 掌握大修工具的使用方法，能正确使用大修工具。
3. 能进行蜗杆轴承的更换。

建议学时：16 学时

学习过程

一、知识准备

1．如何起吊轿厢？起吊轿厢时人员应如何配合？有哪些安全隐患和注意事项？

2．拆卸蜗杆轴承时如何对蜗杆和蜗轮进行保护？还需要保护曳引机的哪些部件？

3．如何更换蜗杆轴承？如何将蜗杆装入减速箱体？如何确保轴承和轴承座的配合？

二、更换蜗杆轴承

1．蜗杆轴承更换前的准备工作

完成蜗杆轴承更换前的准备工作，并填写表 4–3–1 中的内容。

表 4–3–1　　　　蜗杆轴承更换前的准备工作

过程图片及步骤描述	实施记录及操作要点
（1）将电梯停至顶层 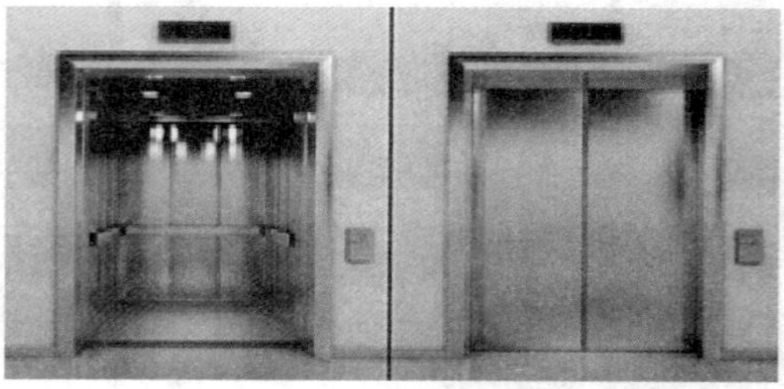	是否将电梯停至顶层平层 （是□　　否□） 是否确认轿厢内无人 （是□　　否□） 是否关闭轿厢门 （是□　　否□）
（2）放置安全防护栏 	在顶层和底层分别放置安全防护栏 是否放置安全防护栏 （是□　　否□）
（3）安放吊带（起吊钢丝绳） 	是否将吊带（起吊钢丝绳）放至井道 （是□　　否□） 吊带（起吊钢丝绳）的防护 （正确□　　错误□）

续表

过程图片及步骤描述	实施记录及操作要点
（4）安放起重葫芦 	起重葫芦的安装 （正确□　错误□） 电梯位置 （合适□　不合适□）
（5）切断电梯主电源开关 	是否切断电梯主电源开关 （是□　否□） 是否锁住电梯主电源 （是□　否□）
（6）拆除底坑对重护网 	是否将底坑急停开关打到停止位置 （是□　否□） 是否打开井道照明 （是□　否□） 底层厅门是否保持 80 ~ 100 mm 的距离并锁紧 （是□　否□） 是否拆除对重护网 （是□　否□）
（7）安装对重支撑杆 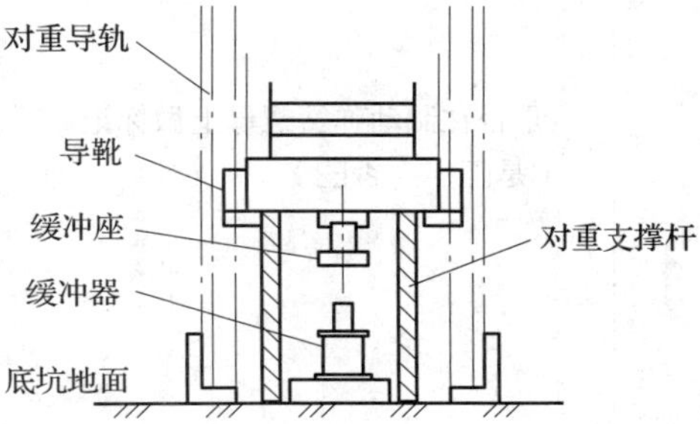 对重导轨 导靴 缓冲座 缓冲器 底坑地面 对重支撑杆	对重支撑杆（钢水管）安装是否平稳、可靠 （是□　否□） 是否使用对讲机配合作业，并大声复述 （是□　否□）

续表

过程图片及步骤描述	实施记录及操作要点
（8）顶起对重 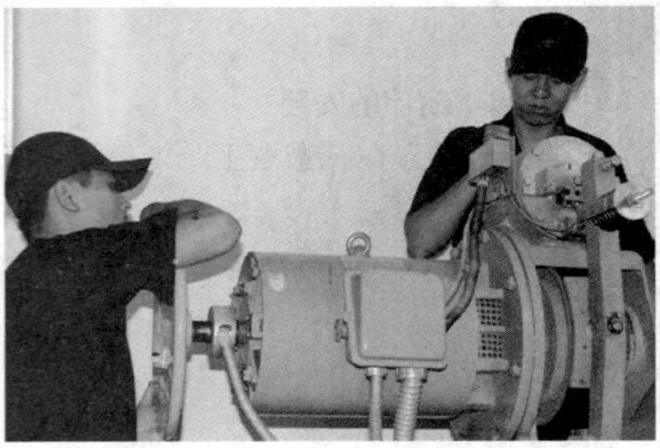	是否两人配合操作 （是□　　否□）
（9）放置轿厢吊索 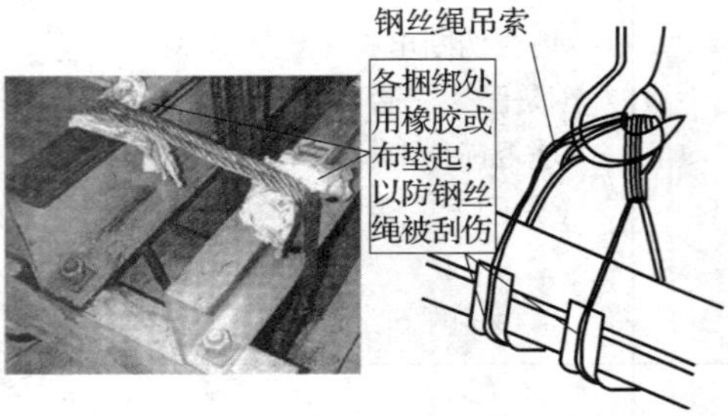 钢丝绳吊索 各捆绑处用橡胶或布垫起，以防钢丝绳被刮伤	起吊钢丝绳是否有防护 （是□　　否□）
（10）夹住对重侧钢丝绳 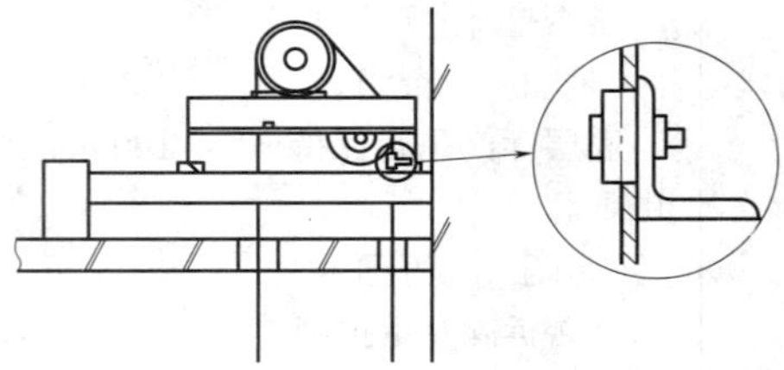	钢丝绳标记 （有□　　无□） 是否夹住对重侧钢丝绳 （是□　　否□）
（11）标记制动弹簧初始位置 	是否在制动弹簧螺母上做标记 （是□　　否□）

续表

过程图片及步骤描述	实施记录及操作要点
（12）标记铁芯初始位置 	是否在铁芯调节杆上做标记 （是□　　否□）
（13）放置电动机起吊钢丝绳 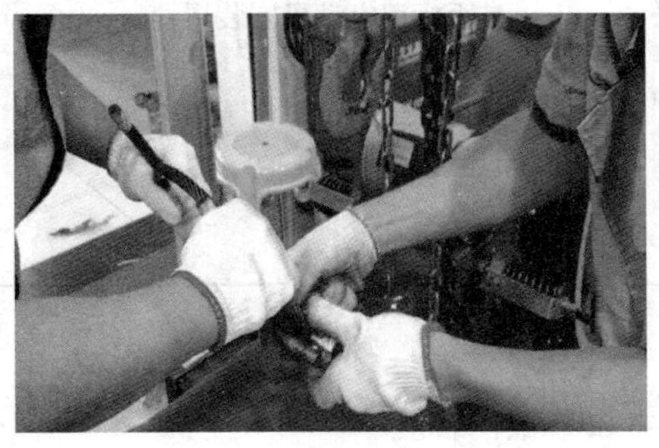	是否放置好电动机起吊钢丝绳 （是□　　否□）
（14）放置曳引轮起吊钢丝绳 	是否放置好曳引轮起吊钢丝绳 （是□　　否□）

续表

过程图片及步骤描述	实施记录及操作要点
（15）将润滑油放入干净的桶中 	是否将主机箱体内的润滑油放尽 （是□　　否□） 曳引机润滑油放尽后，是否用抹布擦干净曳引机放油口周围的油液 （是□　　否□）
（16）标记电动机 / 制动轮安装螺栓 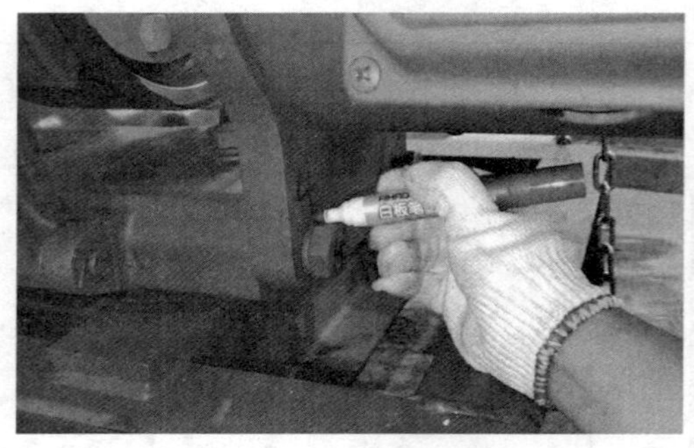	是否拆下电动机、编码器接线及制动器接线 （是□　　否□） 是否标记电动机安装螺栓 （是□　　否□） 是否标记制动轮安装螺栓 （是□　　否□）

2．更换曳引机蜗杆轴承

完成曳引机蜗杆轴承的更换，并填写表 4–3–2 中的内容。

表 4–3–2　　　　曳引机蜗杆轴承的更换实施记录表

过程图片及步骤描述	实施记录及操作要点
一、拆卸	
1．拆卸制动器 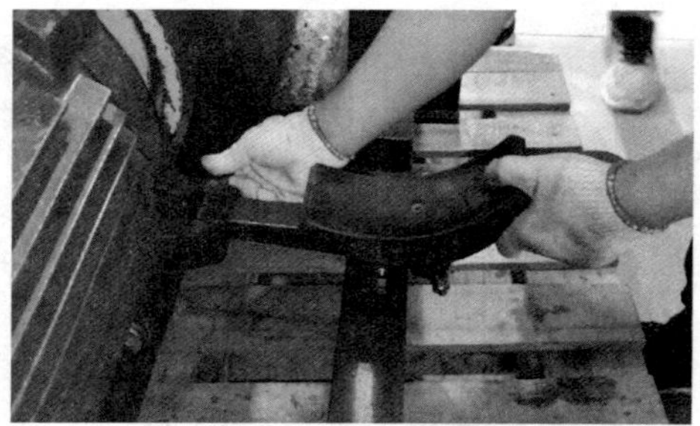	是否拆卸制动弹簧 （是□　　否□） 是否拆卸制动臂 （是□　　否□） 是否拆卸制动铁芯 （是□　　否□）

续表

过程图片及步骤描述	实施记录及操作要点
2. 取下曳引机钢丝绳 	是否拆卸钢丝绳 （是□　否□） 轿顶是否无人 （是□　否□） 厅门是否关闭 （是□　否□）
3. 拆除减速箱上盖 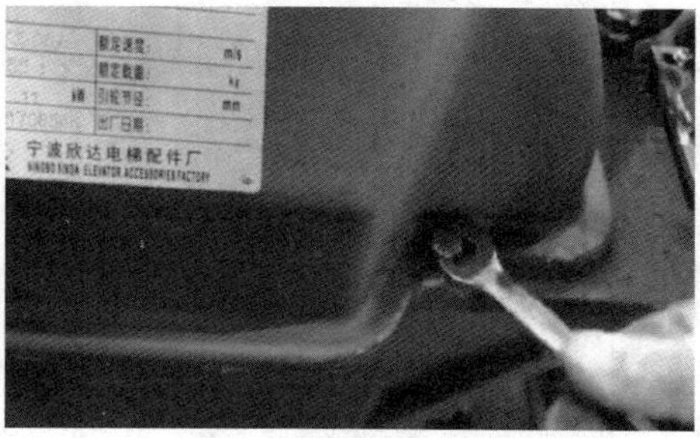	是否用呆扳手拆除减速箱上盖 （是□　否□） 是否清除箱盖密封胶 （是□　否□）
4. 吊起电动机 	起重葫芦链条保持一定的张紧度，不可过度张紧，导致电动机轴损伤变形 （正确□　错误□）
5. 拆卸电动机 	从电动机架中取出电动机，放置在木方上，对电动机进行防护 （可靠□　不可靠□）

续表

过程图片及步骤描述	实施记录及操作要点
6. 拆卸制动轮 	是否拆卸制动轮 （是□　　否□） 制动轮表面防护 （可靠□　　不可靠□）
7. 拆除蜗杆轴键销 	是否拆除蜗杆轴键销 （是□　　否□）
8. 起吊曳引轮 	是否做好起吊钢丝绳防护，防止起吊钢丝绳损伤 （是□　　否□） 是否起吊曳引轮 （是□　　否□）
9. 拆下曳引轮固定螺栓 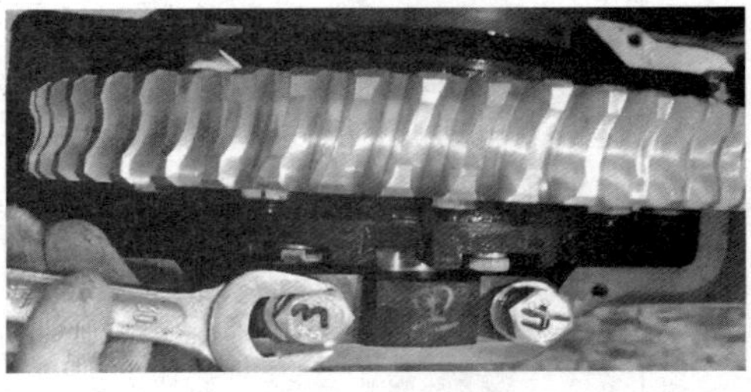	是否对螺栓进行标记 （是□　　否□） 是否拆下曳引轮固定螺栓 （是□　　否□）

续表

过程图片及步骤描述	实施记录及操作要点
10. 吊起曳引轮 	用起重葫芦将曳引轮吊起，将蜗轮放在木方或三角支架上，以防损伤蜗轮齿面 （正确□　　错误□）
11. 拆除蜗杆前端盖 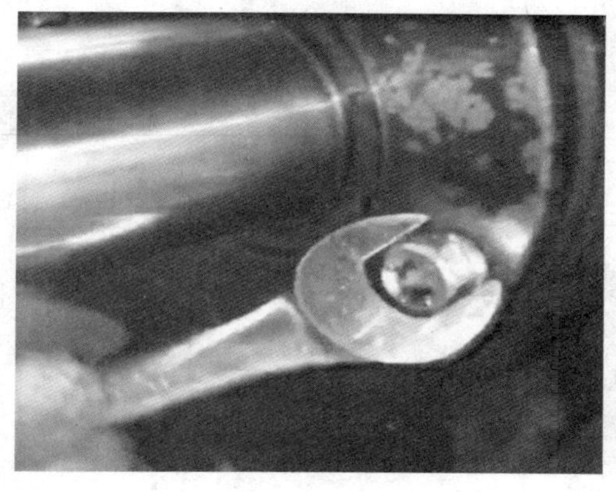	是否拆除蜗杆前端盖 （是□　　否□）
12. 拆除蜗杆后端盖 	是否拆除蜗杆后端盖 （是□　　否□）

续表

过程图片及步骤描述	实施记录及操作要点
13．取出蜗杆 	是否取出蜗杆 （是□　否□）
14．组装拉马 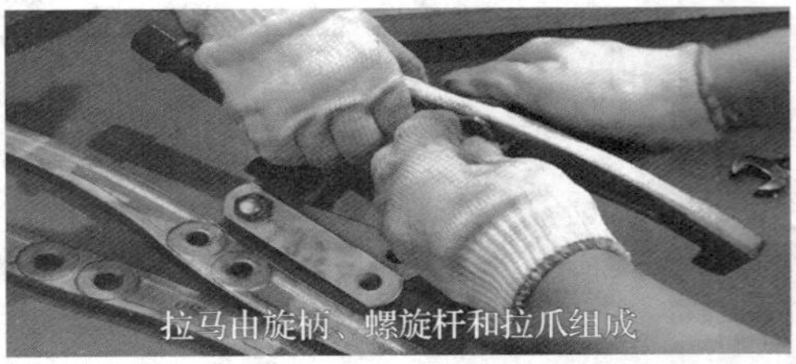	是否完成拉马的组装 （是□　否□）
15．拆卸轴承 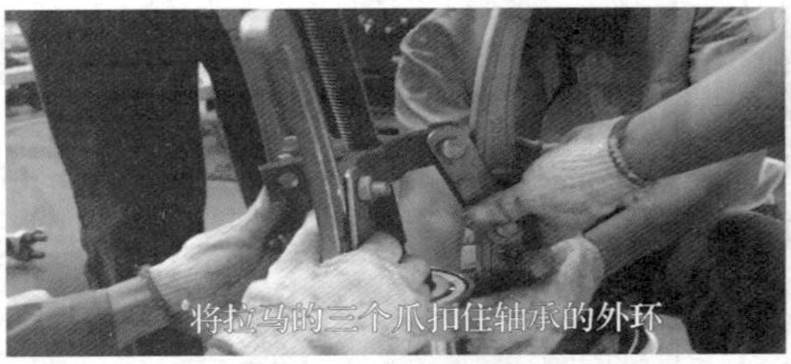 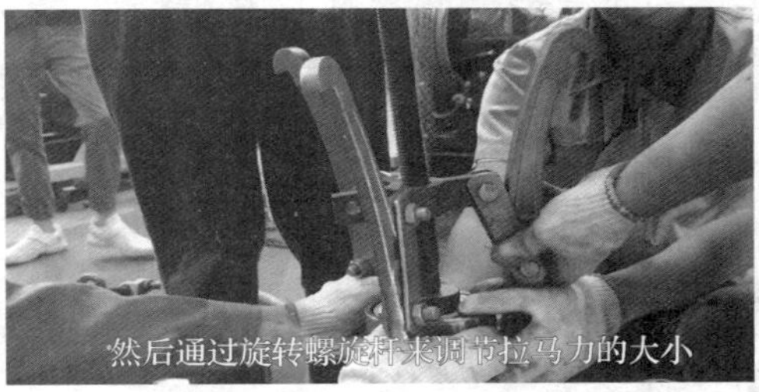  	操作时旁边严禁人员围观，以免拉马的拉臂在拉力过大时突然弹出伤人 拉马使用是否符合操作规范 （是□　否□）

续表

过程图片及步骤描述	实施记录及操作要点
16. 取出蜗杆轴承 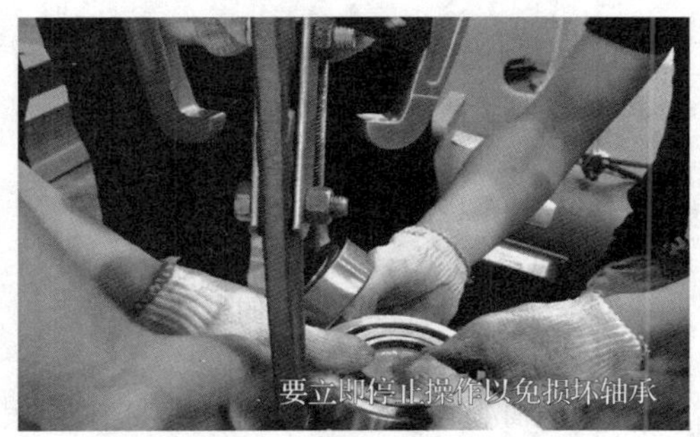	是否取出蜗杆轴承 （是□　否□）
二、检查与清洁	
1. 清洁蜗杆轴键销 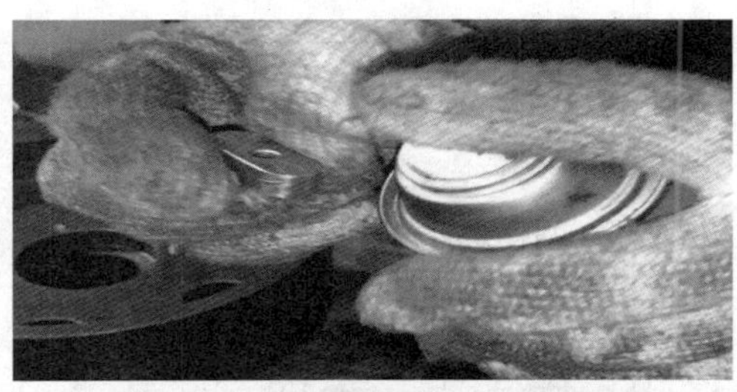 	平键是否有毛刺或损伤 （是□　否□） 是否清洗平键 （是□　否□） 是否用细砂纸打磨平键表面的毛刺 （是□　否□）
2. 检查与清洁制动轮 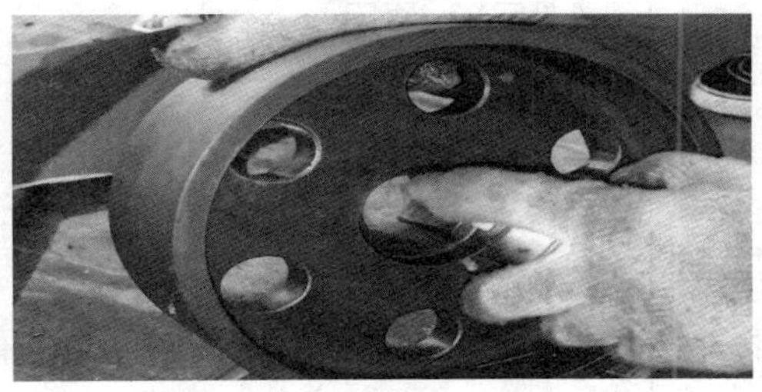	制动轮表面光滑，没有划伤痕迹或凹槽 划伤（有□　无□） 锈蚀（有□　无□） 凹槽（有□　无□） 是否清洁制动轮 （是□　否□）

续表

过程图片及步骤描述	实施记录及操作要点
三、安装、调整与测量	
1．安装轴承 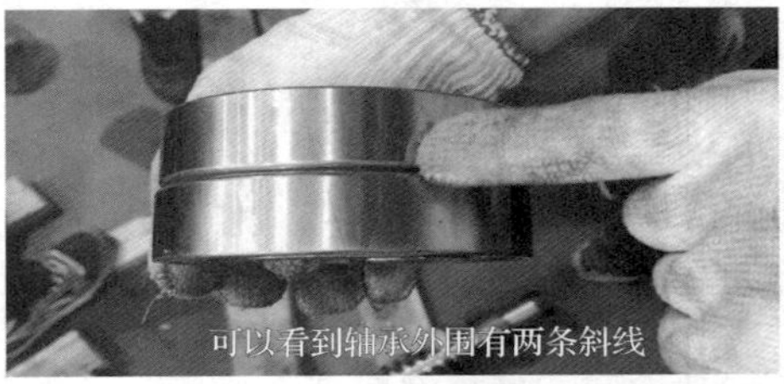  	是否清洁与润滑轴承 （是□　否□） 轴承径向游隙是否在标准范围内 （是□　否□） 轴承是否按标识方向组装 （是□　否□） 轴承是否按标识方向安装 （是□　否□） 敲击轴承时，用力是否均匀 （是□　否□）
2．检查轴承 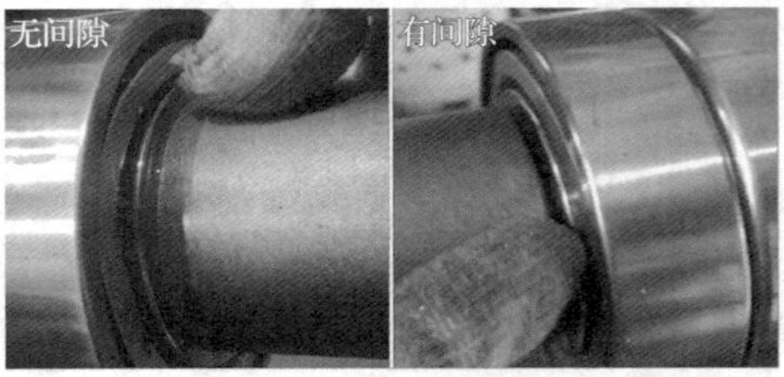 	蜗杆是否松动 （是□　否□）
3．安装蜗杆轴承 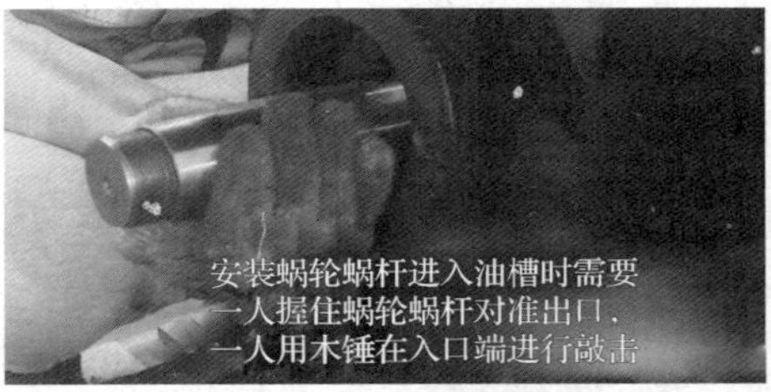 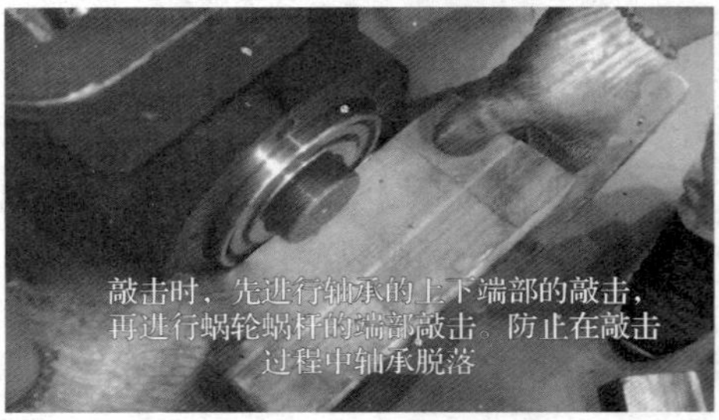 	蜗杆安装方向 （正确□　错误□） 轴承箱是否清洁润滑 （是□　否□） 安装蜗杆轴承 （正确□　错误□）

续表

过程图片及步骤描述	实施记录及操作要点
4. 锁紧轴承 	是否锁紧轴承锁紧套 （是□　否□） 是否用卡环卡死轴承锁紧套 （是□　否□）
5. 安装蜗杆前后端盖  	是否安装减速箱后端盖 （是□　否□）
6. 安装蜗杆平键 	安装蜗杆平键 （正确□　错误□） 是否检查平键 （是□　否□）
7. 安装联轴器 	安装联轴器 （正确□　错误□）

续表

过程图片及步骤描述	实施记录及操作要点
8．安装电动机	起吊电动机 （正确□　　错误□） 电动机轴与蜗杆轴是否保持在同一平面内 （是□　　否□） 是否安装电动机 （是□　　否□）
9．测量同心度	测量电动机与蜗杆轴的同心度 （正确□　　错误□）
10．安装曳引轮	曳引轮定位销的安装 （正确□　　错误□） 曳引轮的安装 （正确□　　错误□）
11．检查蜗轮 	检查蜗轮蜗杆啮合面 （合格□　　不合格□） 检查蜗轮端面跳动 （合格□　　不合格□） 检查蜗轮侧隙 （合格□　　不合格□）

续表

过程图片及步骤描述	实施记录及操作要点
12. 密封箱体 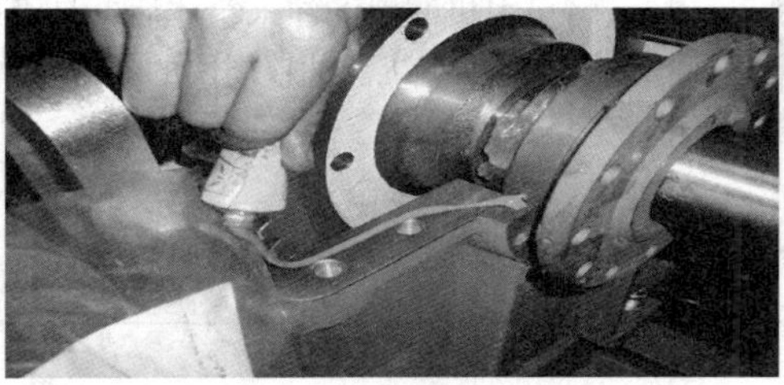	是否密封箱盖 （是□　否□） 是否盖好减速箱上盖 （是□　否□）
13. 检查曳引轮端面跳动 	检查曳引轮端面跳动 （合格□　不合格□）
14. 检查曳引轮垂直度 	测量曳引轮垂直度 （合格□　不合格□）

续表

过程图片及步骤描述	实施记录及操作要点
15. 向减速箱内注入润滑油 	将曳引机润滑油注入箱体后，是否用抹布擦干净曳引机注油口周围的油液 （是□　　否□）
16. 调整制动器  	是否调整、检查制动器 （是□　　否□）
四、复位与运行	
1. 复位钢丝绳 	机房钢丝绳是否复位 （是□　　否□） 检查钢丝绳安装顺序 （正确□　　错误□） 安装防跳杆 （正确□　　错误□）
2. 复位安全钳 / 拆卸起重葫芦 	安全钳是否复位 （是□　　否□） 限速器是否复位 （是□　　否□） 是否释放起重葫芦 （是□　　否□）

过程图片及步骤描述	实施记录及操作要点
3．检修轿顶 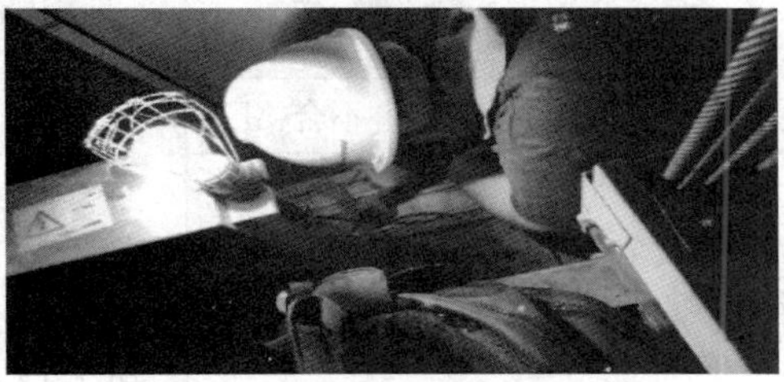	是否检修轿顶 （是□　否□）
4．运行轿厢 	是否进行轿厢中间层运行检查 （是□　否□） 是否恢复电梯运行 （是□　否□）
5．归还大修工具和物料 	是否按企业6S管理规范清洁现场，归还大修工具和物料 （是□　否□）

三、曳引机蜗杆轴承更换实施记录表

实施记录表是对修理过程的记录，以保证修理任务按工序正确执行，对修理的质量进行判断。曳引机蜗杆轴承更换实施记录见表4–3–3。

表 4-3-3　　　　　　　　曳引机蜗杆轴承更换实施记录表

曳引机蜗杆轴承更换			检查人 / 日期		
步骤	序号	检查项目	技术标准	完成情况	分值
准备工作	1	将电梯停至顶层，切断电梯主电源	合格□　不合格□	是□ 否□	★
	2	将电梯轿厢用起重葫芦吊起，使用撑木将对重侧对重撑起，提拉安全钳拉杆使安全钳钳块动作，然后稍微松一下起重葫芦，使轿厢重量主要由安全钳承受 起吊轿厢时要注意安全，必须保护好称量装置	合格□　不合格□		★
	3	当曳引钢丝绳松掉后，将钢丝绳卸下，并做好排列顺序标记	合格□　不合格□		6
	4	将曳引机减速箱润滑油放入干净的桶中，拆下电动机、编码器接线及制动器接线	合格□　不合格□		6
拆卸	5	减速箱放油后松开曳引机减速箱后盖上的4个螺栓，拆下后盖。拧松后盖锁紧螺母，随后拆下后端盖	合格□　不合格□	是□ 否□	6
	6	将轴承从轴承箱中取出，因为后端盖轴承为双轴承（2个单边封闭的轴承），事先必须记下轴承安装的方向（两个轴承封闭面相依）	合格□　不合格□		6
清洁	7	用润滑油对蜗杆轴承进行清洁。用砂纸在蜗杆轴上轻微地打磨，并除去蜗杆轴上的毛刺，严禁使用锉刀或砂轮机进行修复	合格□　不合格□	是□ 否□	6
装配	8	安装好后端盖 安装新轴承时，用木锤或铜棒将轴承逐个敲入轴承箱，由于此轴承与蜗杆采用紧配合方式，敲击过程中要注意使轴承慢慢被敲入，用力均匀，直至完全敲不动为止	合格□　不合格□	是□ 否□	★
	9	装上弹簧垫及锁紧螺母，锁紧螺母必须拧紧，以防运行时蜗杆有前后窜动，将后端盖复位	合格□　不合格□		6
运行	10	将倒出的润滑油倒回曳引机，用棉纱清除溅出的润滑油	合格□　不合格□	是□ 否□	★
	11	接通电梯电源，慢车下行，检查是否有异常，取出对重支撑木	合格□　不合格□		6
	12	电梯在中间层运行，检查蜗杆轴承是否有异常响声	合格□　不合格□		6

评分依据：带★号项目为重要项目，一项不合格，则检验结论为不合格。其他项目为一般项目，总扣分若不超过20分（包括20分），检验结论为合格；超过20分则为不合格。

学习活动 4　检验与验收

学习目标

1. 掌握工作验收表中的验收步骤与验收内容。
2. 能进行曳引机噪声的检测。
3. 能进行自检与互检。

建议学时：2 学时

学习过程

一、工作验收表

维修工作结束后，电梯安装维修工应确认是否所有部件和功能都正常。维修站应会同客户对电梯进行检查，确认所委托的电梯修理工作已全部完成，并达到客户的修理要求。蜗杆轴承的更换工作交接验收见表 4–4–1。

表 4–4–1　　蜗杆轴承的更换工作交接验收表

1. 工作验收

<table>
<tr><th>验收步骤</th><th colspan="2">验收内容</th></tr>
<tr><td>（1）是否按工作计划进行了所有工作？</td><td colspan="2">（1）把工作计划中的所有项目检查一遍，确认所有项目都已经圆满完成，或者给出了应有的解释</td></tr>
<tr><td rowspan="5">（2）哪些工作项目必须以现场检查方式进行检查？</td><td colspan="2">（2）检查以下工作项目</td></tr>
<tr><th>现场检查</th><th>结果</th></tr>
<tr><td>电梯运行时机房的噪声值</td><td></td></tr>
<tr><td>曳引机的运行状况</td><td></td></tr>
<tr><td>蜗杆轴承的磨损程度</td><td></td></tr>
</table>

续表

<table>
<tr><th>验收步骤</th><th>验收内容</th></tr>
<tr><td>（3）是否遵守规定的维修工时？</td><td>（3）更换蜗杆轴承的规定时间是 1.5 h
（合格□　不合格□）</td></tr>
<tr><td>（4）曳引机是否干净、整洁？</td><td>（4）检查曳引机是否干净、整洁，各种保护罩是否已经装好
（合格□　不合格□）</td></tr>
<tr><td>（5）哪些信息必须转告客户？</td><td>（5）指出需要更换润滑油或下次维修保养时必须排除的其他已经确认的故障</td></tr>
<tr><td>（6）对质量改进的贡献？</td><td>（6）考虑维修和工作计划准备，维修工具、检测工具、工作油液和辅助材料的供应情况，时间安排是否已经达到最佳程度
提出改善建议并在下次修理时予以考虑</td></tr>
<tr><td colspan="2">2. 记录</td></tr>
<tr><td colspan="2">（1）是否记录了配件和材料的需求量？
（2）是否记录了工作开始和结束时间？</td></tr>
<tr><td colspan="2">3. 大修后的咨询谈话</td></tr>
<tr><td>客户接收电梯时期望对下述内容做出解释：
（1）检查表
（2）已经完成的工作项目
（3）结算单
（4）移交维修记录本</td><td>在维修后谈话时向客户转告以下信息：
（1）发现异常情况，如漏油、油漆剥落等
（2）电梯日常使用中应注意之处
（3）在什么情况下需要更换蜗杆轴承</td></tr>
<tr><td colspan="2">4. 对解释说明的反思</td></tr>
<tr><td colspan="2">（1）是否达到了预期目标？
（2）可视化方式是否正确？
（3）与相关人员的沟通效率是否较高？
（4）组织工作是否良好？</td></tr>
</table>

二、曳引机的噪声测试

大修完成后，对电梯运行噪声进行测试，填写表 4-4-2，并与物业管理人员（甲方）签字确认。

表 4-4-2　　电梯噪声测试记录表

用户单位						用户地址					
噪声计型号						计量单位					
前	后	左	右	上	背景	前	后	左	右	上	背景
测试不少于 3 点，机房噪声≤ 80 dB，轿厢噪声≤ 55 dB											

层站	轿厢门			层站门		
	开门	关门	背景	开门	关门	背景
标准值：开关门噪声≤ 65 dB						

检验人员		检验日期	
项目施工负责人签字： 年　月　日		物业负责人签字： 年　月　日	

三、自检与互检

曳引机蜗杆轴承拆卸、装配及调整的自检、互检记录见表 4-4-3。

表 4-4-3　　曳引机蜗杆轴承拆卸、装配及调整的自检、互检记录表

自检、互检记录	备注
小组学生按技术要求检测设备并记录 检测问题记录：	自检
小组分别派代表按技术要求检测其他小组设备并记录 检测问题记录：	互检
教师检测问题记录：	教师检验

小提示

工程验收时，应对下列项目进行检查：

1. 蜗轮蜗杆应干净、整洁，安装牢固，无损伤。

2. 蜗杆轴承应干净、整洁，安装紧固，无松动迹象。

3. 电动机、联轴器表面应干净、整洁，安装紧固，无松动迹象。

4. 电动机轴与蜗杆轴的同心度应在厂家规定的范围内（刚性 0.02 mm，弹性 0.1 mm）。

5. 制动器动作应灵活、可靠，没有摩擦或延时抱闸等现象；铁芯动作正常，无异常响声和撞击声。

6. 测量机房与曳引机噪声，应在厂家规定的范围内（额定速度不超过 3.5 m/s 时，机房噪声不超过 80 dB；额定速度超过 3.5 m/s 时，机房噪声不超过 85 dB）。

学习活动 5　工作总结与评价

学习目标

1. 能按分组情况，派代表展示工作成果，说明本次任务的完成情况，并做分析总结。

2. 能结合任务完成情况，正确规范地撰写工作总结。

3. 能就本次任务中出现的问题提出改进措施。

4. 能对学习与工作进行反思，并能与他人开展良好合作，进行有效沟通。

建议学时：2 学时

学习过程

一、个人、小组评价

以小组为单位，选择演示文稿、展板、海报、视频等形式中的一种或几种，向全班展示、汇报工作成果。在展示的过程中，以小组为单位进行评价；评价完成后，根据其他小组对本组展示成果的评价意见进行归纳总结。

汇报任务实施过程：

其他小组成员的评价意见：

二、教师评价

认真听取教师对本小组展示成果优缺点以及在完成任务过程中出现的亮点和不足的评价意见，并做好记录。

1．教师对本小组展示成果优点的点评。

2．教师对本小组展示成果缺点及改进方法的点评。

3．教师对本小组在整个任务完成过程中出现的亮点和不足的点评。

三、工作过程回顾及总结

1．在团队学习过程中，项目负责人给你分配了哪些工作任务？你是如何完成的？还有哪些需要改进的地方？

2．总结完成电梯曳引机异响故障排除任务过程中遇到的问题和困难，列举 2 ～ 3 点你认为比较值得与其他同学分享的工作经验。

3．回顾本学习任务的工作过程，对新学专业知识和技能进行归纳和整理，撰写工作总结。

评价与分析

按照客观、公正和公平的原则，在教师的指导下按自我评价、小组评价和教师评价三种方式对自己或他人在本学习任务中的表现进行综合评价。综合等级按 A（90 ~ 100）、B（75 ~ 89）、C（60 ~ 74）、D（0 ~ 59）四个级别进行填写，见表 4–5–1。

表 4–5–1　　学习任务综合评价表

<table>
<tr><th rowspan="2">考核项目</th><th rowspan="2">评价内容</th><th rowspan="2">配分（分）</th><th colspan="3">评价分数</th></tr>
<tr><th>自我评价</th><th>小组评价</th><th>教师评价</th></tr>
<tr><td rowspan="6">职业素养</td><td>劳动保护用品穿戴完备，仪容仪表符合工作要求</td><td>5</td><td></td><td></td><td></td></tr>
<tr><td>安全意识、责任意识、服从意识强</td><td>6</td><td></td><td></td><td></td></tr>
<tr><td>积极参加教学活动，按时完成各项学习任务</td><td>6</td><td></td><td></td><td></td></tr>
<tr><td>团队合作意识强，善于与人交流和沟通</td><td>6</td><td></td><td></td><td></td></tr>
<tr><td>自觉遵守劳动纪律，尊敬师长，团结同学</td><td>6</td><td></td><td></td><td></td></tr>
<tr><td>爱护公物，节约材料，管理现场符合 6S 标准</td><td>6</td><td></td><td></td><td></td></tr>
<tr><td rowspan="3">专业能力</td><td>专业知识扎实，有较强的自学能力</td><td>10</td><td></td><td></td><td></td></tr>
<tr><td>操作积极，训练刻苦，具有一定的动手能力</td><td>15</td><td></td><td></td><td></td></tr>
<tr><td>技能操作规范，注重检修工艺，工作效率高</td><td>10</td><td></td><td></td><td></td></tr>
<tr><td rowspan="2">工作成果</td><td>维修过程符合工艺规范</td><td>20</td><td></td><td></td><td></td></tr>
<tr><td>工作总结符合要求</td><td>10</td><td></td><td></td><td></td></tr>
<tr><td colspan="2">总　　分</td><td>100</td><td></td><td></td><td></td></tr>
<tr><td rowspan="2">总评</td><td rowspan="2">自我评价 ×20%+ 小组评价 ×20%+ 教师评价 ×60%=</td><td>综合等级</td><td colspan="3" rowspan="2">教师（签名）：</td></tr>
<tr><td></td></tr>
</table>